植物生理活性物质及开发应用研究

肖 敏　魏彦梅　著

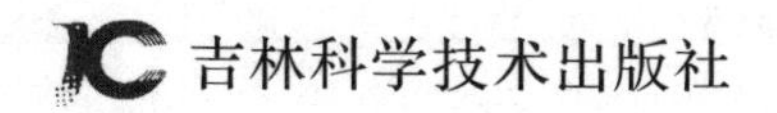

图书在版编目(CIP)数据

植物生理活性物质及开发应用研究 / 肖敏，魏彦梅著. -- 长春 : 吉林科学技术出版社，2022.9
ISBN 978-7-5578-9733-8

Ⅰ. ①植… Ⅱ. ①肖… ②魏… Ⅲ. ①植物—生物活性—物质—研究 Ⅳ. ①Q942.6

中国版本图书馆 CIP 数据核字(2022)第 178120 号

植物生理活性物质及开发应用研究

著　　肖　敏　魏彦梅
出版人　宛　霞
责任编辑　刘　畅
封面设计　李若冰
制　　版　北京星月纬图文化传播有限责任公司
幅面尺寸　170mm×240mm
字　　数　215 千字
印　　张　12.75
印　　数　1-1500 册
版　　次　2022年9月第1版
印　　次　2023年3月第1次印刷

出　　版　吉林科学技术出版社
发　　行　吉林科学技术出版社
地　　址　长春市福祉大路5788号
邮　　编　130118
发行部电话/传真　0431-81629529 81629530 81629531
81629532 81629533 81629534
储运部电话　0431-86059116
编辑部电话　0431-81629518
印　　刷　三河市嵩川印刷有限公司

书　　号　ISBN 978-7-5578-9733-8
定　　价　90.00元

作者简介

肖敏，女，汉族，1977 年 5 月出生，山西省临汾市人，毕业于华中农业大学，硕士研究生。现就职于临汾职业技术学院，讲师，主要从事植物活性物质在食品中的开发应用及食品原料、食品营养等方面的教学研究工作。

魏彦梅，女，汉族，1985 年 10 月出生，山西省河津市人，毕业于内蒙古农业大学，硕士研究生。现就职于临汾职业技术学院，讲师，主要从事园艺植物栽培技术和生理生化方面的教学研究工作。

前　言

随着人们对“膳食与健康”的认识不断深入，植物生物活性物质的研究与开发逐渐引起了全世界的关注。植物化学物质种类极其繁杂，而且分布也极其广泛，每种植物都含有大量已知的或仍未知的植物化学物质。至今最受关注且研究最为透彻的植物生物活性物质，要数膳食植物来源的诸多活性物质，如类胡萝卜素、类黄酮、多糖、皂苷、植物甾醇、生物碱等。此类活性物质长期以来一直作为膳食的一类组分为人类所摄食，从而安全性相对较高。

基于此，本书以“植物生理活性物质及开发应用研究”为题，全书共设置七章：第一章探讨活性物质开发中的现代生物技术、植物生理活性物质在食品中的应用与开发；第二章围绕类胡萝卜素及其开发应用，讨论类胡萝卜素的结构与性质、主要功能、生产技术、天然类胡萝卜素的生物合成进展与类胡萝卜素植物资源的开发应用；第三章分析类黄酮及其开发应用，内容包括类黄酮的结构与性质、主要功能、生产技术、类黄酮的生理功能与抗菌机制和类黄酮植物资源的开发应用；第四章主要探讨多糖及其开发应用，内容涵盖多糖的结构与性质、生理功能、生产技术、植物多糖抗氧化活性研究及多糖植物资源的开发应用；第五章的主题为皂苷及其开发应用，主要包括皂苷的结构与性质、主要功能、生产技术、植物皂苷的生物活性及应用、皂苷植物资源的开发应用；第六章研究植物甾醇及其开发应用，内容涉及植物甾醇的结构与性质、主要功能、植物甾醇及其相关醇化合物的生产技术、功能性植物甾醇食品开发应用、甾醇在调节植物生长发育中的研究；第七章探究生物碱及其开发应用，主要包括生物碱的结构与性质、主要功能、提取技术、生物碱植物资源的开发应用及中药生物碱类化学成分的毒性作用。

本书从植物生理活性物质最基本的概念出发，由浅入深、层层递进地对植物生理活性物质技术及其开发等基本概念进行了细致讲解，而且从开发应用的角度出发，研究了类胡萝卜素、类黄醇、多糖、皂苷、植物甾醇与生物碱的开发应用，并结合具体的实例进行分析。

本书由肖敏、魏彦梅撰写，具体分工如下：

绪论、第一章、第二章、第四章：肖敏（临汾职业技术学院），共计约10.7万字；

第三章、第五章、第六章、第七章：魏彦梅（临汾职业技术学院），共计约10.7万字。

本书的撰写得到了许多专家学者的帮助和指导，在此表示诚挚的谢意。由于笔者水平有限，加之时间仓促，书中所涉及的内容难免有疏漏与不够严谨之处，希望各位读者多提宝贵意见，以待进一步修改，使之更加完善。

目　录

绪 论

一、相关概念论述

（一）生物技术

生物技术是20世纪70年代初在生物化学和细胞生物学最新研究成果的基础上发展起来的一个新兴技术领域，这些新成就包括基因重组、杂交瘤、固定化酶和动植物细胞大规模培养等技术。这些技术的应用，使人们能定向设计组建具有特定性状的新物种或新品系，结合发酵和生化工程原理，加工生物材料，生产新型产品，在医药、食品、化工、能源、农业和环境保护等方面有着广阔的发展前景。近年来，生物技术在农业、医药卫生等领域均取得了突飞猛进的发展，已逐渐成为生命科学各个领域研究的主要内容和手段，同时是各个学科研究的主旋律，它丰富了传统学科的研究内容，带动了传统学科的发展。

从认识、发展和利用生物或生物机能而进行改造、创建新生物或生物新机能这一特点来看，生物工程不同于传统的生物技术。按照普遍的看法，生物工程的技术体系主要包括基因工程（DNA重组技术）、细胞工程（细胞融合和组织培养技术）、酶工程（酶的改造与设计技术）和发酵工程（细胞大量培养技术）四个方面。一般而言，发酵工程包括生化工程（生物反应器的设计）和酶工程，但也有将二者分开的。

生物资源通常指植物、动物和微生物，即可为人类所利用的一切生命有机体的总和。生物资源不同于其他自然资源，有其特殊的性质，它在整个自然资源中占据中心的地位。生物资源具有再生性，地域性，可解体性，可影响水、土、气候资源的形成与演变，可直接利用并转换太阳能五个特点。前四点是整个生物资源所普遍共有的，后一点则主要为植物的属性。

1. 应用生物技术的必要性

自古以来，人类一直从大自然中获取食物和其他生存的必需物质，利用自然资源与疾病抗争，改善生活质量。然而，人类对自然资源的持续利用正面临着前所未有的压力和挑战:人类对包括食物在内的生活需求不断提高,而可耕作的土地面积和可再生能源却日益减少;自然资源的日渐匮乏使人类被迫采用大规模的工业化手段来制造食品和日用品,而工业排放及其副产品对环境和生态带来了严重的甚至是无可逆转的破坏,从而进一步加剧了自然资源的枯竭;人类在治疗包括肿瘤、艾滋病等新疾病的过程中需要依靠特殊生态环境下的生物资源如紫杉醇、灵芝等天然药物,而过量采集和侵蚀导致的生态环境破坏使得许多具有特殊药用价值的野生植物、动物、微生物正在成批地灭绝。面对上述诸多难题,科学工作者开始探索应用生物技术获取有用次生代谢产物的新途径。

2. 生物技术研究的优越性

近年来,生物技术在解决生物资源短缺方面的研究主要包括:基于植物细胞的全能性,借鉴微生物发酵工业的成就和经验,通过高等植物细胞、器官等的大规模培养,生产有用次生代谢产物;利用分子生物学的手段对药用植物进行遗传操作,获得转基因植物或转基因组织和器官;寻找一些次生代谢产物生物合成途径中的关键酶基因,进而对这些次生代谢产物的生物合成过程进行调控,或将这些关键酶基因转入微生物中生产人们所需要的次生代谢产物。另外,还应用分子生物学技术进行了药用植物分子标记育种与品质定向调控的研究。虽然这些领域的研究并非一帆风顺,但已取得了一些令人鼓舞的进展。生物技术在药用植物有效成分生产、快速繁殖、人工种子、多倍体育种、基因工程技术和中药材的真伪鉴别等方面有较多应用,已经显露出广泛的理论意义和良好的发展前景。

生物技术应用具有的优越性是:①操作培养条件和培养方式极大地提高了生产率;②培养是在无菌条件下进行的,因此可以排除病菌和虫害的侵扰,严格控制药材质量,为中药现代化提供统一标准的原料;③可以进行特定的生物转化反应,大规模地生产所需要的有效成分;④通过对有效成分生物合成路线进行遗传操纵,提高所需物质的产量;⑤通过加入或删除基因而改变原药材的遗传特性。

3. 天然生理活性物质的开发

中药鉴定是保障中药用药安全,确定中药质量优劣,寻找、扩大和发展新的中药材资源的一项重要工作,直接关系到中药各项研究工作结论的正确与错误和临床疗效的好坏。中药鉴定不仅可以及时发现变异的中药材,还可以有效确定中药材的质量等级。中药的发展历史十分悠久,临床使用的野生中草药资源,在长期的自然进化过程中,产生各种变异株的情况难以避免，由于变异株的药理价值并不明确，因此在缺乏科学鉴定的情况下，盲目进行人工培育与种植，既容易造成资源混乱，又容易造成财产损失。中草药育种作为目前中医药研究的关键问题，需要真实可靠的实验数据和野生资源提供保证。

来源复杂、品种繁多的动物类中药，不但入药部位广泛，既可以是动物的身体器官，也可以是动物的分泌物和病理产物；而且入药形式多元，既可以是动物的干燥体，也可以是动物的鲜活体。然而，根据现成的动物类药材，通常很难逆推加工与产制这类药材的动物的品种与质量，更不易区分来源相近的混淆品与正品，这就导致传统的中药鉴定方法无法科学鉴别动物类中药。近年来，现代仪器分析技术和分子生物学技术在动物类中药的鉴别中发挥了重要作用。

传统的生药鉴定方法是外观性状鉴别，以后又发展为显微鉴别和理化鉴别，但这些方法都各有其局限性。作为当今世界生命科学领域中最活跃和最具前途的学科——分子生物学，正逐渐在中药鉴定工作中得到广泛应用。除矿物类药材外，来源于动、植物的中药均含有决定其生物学特性的遗传物质基因，由于基因中 DNA 的多态性的特点，因此构成了物质表型的多样性。分子生物学的发展使人们能从干燥药材中提取 DNA，以 DNA 多态性为基础，根据不同种属间药材 DNA 的变异情况，揭示其亲缘关系，从而对生药和合成生药的中成药及其基原进行真伪优劣鉴定。

由于 DNA 分析技术是针对生物的遗传物质进行鉴别，其结果不受环境因素、样品形态和材料来源的影响，因此这项技术为中药鉴定提供了更准确可靠的手段。DNA 指纹图谱技术是利用分子生物学技术从不同生物样品中人工合成的 DNA 片段的大小、数目因不同的生物而异的原理进行的。DNA 指纹图谱技术主要包括随机扩增多态性 DNA（RAPD）、限制性片段长度多态性（RFLP）等技术。RAPD、RFLP 等方法具有灵敏度高、操作简便快速等优点，其中 20 世纪 90 年代发展起来的 RAPD 技术在某些中药的基源鉴定、品种资源分析及其地理品系、栽培品系的质量评价方面已有了许多研究报道，如在人参属、乌梢蛇及其混淆品、天花粉及其类似品等许多药材的鉴定中取得了可靠的结果。

（1）植物药的分子生物学鉴定。

一是中药的现状与鉴定困境。从上古时期“神农尝百草”，到明代李时珍编撰《本草纲目》，各类本草文献记载的药物数目前已近万种，其中常用中药近千种，药品种类繁多，增加了正品鉴定的难度。与此同时，我国幅员辽阔,物种复杂多样,不同地区药品选种与用药习惯存在差异,同科同属、同物异名、同名异物等情况比较普遍,导致中药品种烦琐庞杂,品质参差不齐。

此外,由于中药的种植与采集过程,缺乏专业中药学知识的指导,导致成品中药混入许多伪品,使得中医治疗药方虽然精准,但是抓取的药品存在质量问题,从而影响传统的中医治疗效果。因此,中医临床实践需要品质卓越的中药,只有种源优化,才能促进中药的长远、健康发展。

二是常用的鉴定技术。常用的中药鉴定技术主要从中药的来源、性状、结构特征和有效成分入手,确定中药的真实性、安全性、品质纯度与优劣程度。

来源鉴定。对于完整的植物、动物和矿物类药材,可以使用来源鉴定法,通过观察这类药材的形态,然后与中药书籍和图鉴等文献资料中的类似药材进行核对,根据分析比对结果,确定标本正确的学名,保证药品应用无误。

性状鉴定。对于饮片类药材,可以选用简便易行的性状鉴定法。通过观察药材的形状外观、表面特征、断面形态、质地、色泽与大小,嗅闻药材散发的特殊气味,取样品尝,加水浸泡,用火烤炙,鉴定中药的真伪优劣。由于药材的外观与性状,容易受到多种因素的影响发生变异,因此利用这种根据经验鉴定药材的技术,得到的鉴定结果并不准确。

显微鉴定。对于破碎的药材、粉末、中成药,可以借助显微制片,观察药材内部组织结构的形状特征,鉴定药材的真伪、纯度与品质。常见的显微制片方法有磨片制片、粉末制片、切片制片、表面制片与解离组织制片等。蒸馏水、稀甘油、水合氯醛试液、甘油醋酸试液等,都可以用作显微临时制片的常用封藏试液。

理化鉴定。利用现代化的先进仪器,可以分析药材的有效成分与指标成分,测定药材的浸出物,检查药材的纯净程度、有毒或有害物质的限定含量等。理化鉴定常用的方法有色谱鉴别法、光谱鉴别法和波谱鉴别法。其中,色谱鉴别法又可以分为高效液相色谱鉴别法、气相色谱鉴别法和薄层色谱鉴别法;光谱鉴别法又可以分为紫外光谱鉴别法和红外光谱鉴别法;波谱鉴别法又可以分为核磁共振鉴别法和质谱鉴别法。

三是分子生物学鉴定技术。20 世纪 50 年代初期,DNA 双螺旋结构模型的提出,标志着现代分子生物学的诞生。20 世纪 70 年代中期,噬菌体全部碱基序列的成功测定,为 DNA 序列分析提供了新方法,分子生物学跃进新时代。20 世纪 80 年代中期,PCR 体系的建立,促进了分子生物学的快速发展。目前,分子生物学在生命科学的医药领域应用广泛。利用 DNA 分析技术完成中药的鉴别与归类,促进了中药资源的合理利用。具体来说,DNA 分析技术通过提取生物的全部 DNA 结构,运用酶切和电泳等方法,为 DNA 探针做好标记,然后将不同的 DNA 片段进行放射杂交,根据显影谱带的特异性,鉴定药材的真伪优劣。这种技术具有取材少、准确度高的优势,能够有效弥补传统中药鉴定技术的不足,已经成为近年来发展势头迅猛的中药鉴定技术。

RAPD 技术。RAPD 技术是目前常用的 DNA 指纹图谱法,用随机合成或任意选定的单一引物在低温条件下与模板 DNA 序列随机的配对实现扩增,获得 DNA 指纹图谱,对研究对象的基因组 DNA 作多态性分析。通过 RAPD 技术对真伪药材 DNA 的多态性分析,找出真品特定的 DNA 片段,可对此测序并制备 DNA 探针来检测相应的药材。RAPD 技术采用单个随机引物扩增来寻找多态性 DNA 片段,具有快速、简便、通用性广等优点。

RFLP 技术。RFLP 技术是指使用限制性内切酶消化药材 DNA,再对限制性片段的长度进行多态性分析,以确定药材基因的种属特异性,这种技术常用来鉴别菊科药用植物。为了研究药材种、属 DNA 的变异情况,揭示不同品种药材之间的亲缘关系,可以利用限制性片段长度多态性分析,鉴别药材 DNA 的 PCR 扩增产物。此外,这种技术还能为发现新药资源提供线索。比如,从天花粉中提取的天花粉蛋白具有抑制病毒繁殖的特殊功效,利用 RFLP 技术分析与天花粉具有相近亲缘关系的植物类群,发现了其他含有天花粉蛋白化学成分的植物,为抗病毒特效药的批量产制,提供了更加多元的药物来源。

mRNA 差异显示技术。动植物组织细胞的基因表达具有特定的模式,以标准 PCR 为基础,将具有特异性组织细胞的总 RNA 反转录成单链 cDNA,然后进行 PCR 扩增,分析差异表达的基因序列,这种全新的基因分析方法被称为 mRNA 差异显示技术。由于该技术可以用来鉴别栽培植物与野生植物之间的差异,因而在鉴定中药材的质量方面拥有十分广阔的应用前景。

微卫星 DNA 技术。根据微卫星 DNA 两翼最短序列设计引物,借此扩增重复序列,这种有效鉴定中药的方法被称为微卫星 DNA 技术。

单核苷酸多态性(SNP)技术。相同位点的不同等位基因之间,存在核苷酸的单个性差异,这使得从分子水平检测这种差异具有极为特殊的研究价值。目前,SNP技术作为新的分子标记技术,已经在人类染色体上成功标记定位千余个,针对植物的开发研究也正在稳步推进。新近研发的DNA芯片技术,已经成为检测SNP的最佳方法。

DNA直接测序技术。由于DNA指纹图谱分析对DNA的保存质量要求较高,然而,中药的加工与储存过程并不利于DNA的保存,这使得应用分子生物学技术直接对动植物细胞的DNA进行测序,显得尤为必要。DNA直接测序技术的发明与应用,推动了DNA分子鉴定技术的突破性发展,显著地提高了DNA序列的分析效率。目前,核基因组的ITS、rRNA及叶绿体基因组的部分基因,都是植物DNA测序的常用基因。应用DNA直接测序技术推动药用植物的分类研究,已经在鉴定黄芪属、人参属等多种中草药的真伪优劣方面,取得了不错的效果。

(二)植物来源的天然生理活性物质

1.药用植物基因库的建立

保存药用植物的基因,可以有效解决药用植物灭绝导致药品来源枯竭的问题。目前,我国成功构建的名贵中药基因库已经可以做到从分子水平保存中药材中的名贵精品。利用基因工程技术研究国内的名贵药材,有利于鉴别药材的真伪优劣。在具体的实践层面,可以取植物的入药部位,提取该部位植物细胞中的mRNA,借此构建cDNA文库,在研究与分析的基础上,查找并筛选出有用的蛋白基因,借助基因克隆,建立基因储备库。此外,对相同物种在不同环境下形成的独特药理特性,进行遗传学研究与深入分析,阐明植物入药的基本规律,并建立完善的分子生物学、遗传学和天然药物化学指标体系,具有十分重要的现实意义。

2.生物技术与药用植物优良品种的选育

目前,提供新种质资源的途径主要有以下三种:①利用常规的杂交技术与系谱选择,结合高科技创造出新的自交系品种、群体品系和复合物种;②借助生殖隔离、天然杂交和自然突变,产生新的组群与物种类型;③培育具有特异性状的材料,聚合具有多种优良性状的材料,形成综合性状好的材料。

由于病虫害破坏植物生长,减损作物产量,这使得有效防治病虫害成为育种学家的肩头重任。随着栽培农业的蓬勃发展,人类防治病虫害的措施也变得更加多元。常见的病虫害防治措施主要有以下三种:①借助传统育种方法,积极培育抗病虫害新品种;②大面积喷洒化学杀虫剂;③利用倒茬轮作、深翻土壤，防治病虫害。由于这些措施存在成本高昂、效率低下、安全环节薄弱等问题，通常无法满足现代药材的栽培与种植要求。此外，人类生态环保意识的普遍增强，使得培育广谱抗病新品种成为现代药材栽培的主流趋势。

目前，植物转基因技术的不断发展，为抗病品种的选育提供了有效的途径。与传统抗病育种不同，利用基因工程技术选育抗病品种，可以提高药用植物的抗病能力。面对线虫、细菌、真菌和病毒，选育具有抗病性的优势品种，不仅安全性高、效果好，还可以减少环境污染，降低投资风险。总体来说，国内外在研究植物抗病基因工程方面，已经取得了丰硕的成果。通过成功克隆抗病虫害目的基因，培育转基因抗病虫害植株，定向生产名贵中草药含有的生物活性成分，既可以解决病虫害防治问题，还可以开发名贵的中药新品种，这些都是应用基因工程技术选育药用植物的显著优势。

药用植物育种离不开优选的种质资源。运用生物技术培育并创造具有药用价值的种质资源，是药用植物价值开发的重要内容。品种优良的药用植物，能够提高药材生产的价值。许多疗效显著的名贵药材的问世，在很大程度上都应该归功于科学育种的现实作用。高品质育种是药用植物育种的主要特色和重要目标。目前，许多新品种的培育都是采用传统的方法，在原有植物资源基础上通过选择、杂交、回交、诱变等方法培育出来的。许多药材如薄荷、红花、枸杞、地黄、贝母、山药、玉竹、桔梗、菘蓝、银杏、薏苡、石斛、益母草、金银花、杜仲、番红花等已形成地方优良品种。

现代生物技术的发展与应用，为人类改造生物体的遗传基础，调整动植物细胞的组织结构、染色体和基因水平，改良动植物品种，提供了效果显著的新方法。

由此可知，拥有高品质的种质资源是优选育种的前提与基础。及时发现并且妥善利用关键基因，有利于优选育种取得突破性的成就。伴随着生物技术的不断发展与基因重组技术的科学运用，种质资源的充分利用与新种质类型的陆续问世，在很大程度上推动了药用植物种质资源的优化。

发挥基因重组的积极作用培育优良品种，不仅可以提高中药材的质量，还可以丰富中药材的品种。明确中药的有效成分与特殊部位，利用基因重组技术培育优质高产、抗病能力强的新品种，可以显著提高药用植物的经济效益。目前，生物科学家已经将卫星 RNA 基因与病毒外壳蛋白基因转入番茄、烟草等植物的细胞基因中，由此培育出的转基因新品种，通过大田试验已经表现出鲜明的抗病毒特性。与此同时，生物科学家还成功地在马铃薯、番茄、棉花等植物的细胞基因中，转录了苏云金芽孢杆菌伴孢晶体蛋白基因，利用基因重组培育出的新品种，可以天然抵抗鳞翅目害虫对植物根、茎、叶、花、果实和种子的咬噬，从而大幅降低了杀虫剂等农药的用量。最新研究显示，病虫害不仅危害农作物，还危害药用植物。据不完全统计，八角莲与白花曼陀罗容易感染烟草花叶病毒，太子参、马齿苋、蒲公英、车前草、毛当归、白术、百合、丝瓜、桔梗、牛蒡、虎杖等，容易感染黄瓜花叶病毒。所以，应用生物技术增强药用植物的抗病毒能力，不仅市场前景可期，经济回报还极高。此外，药用植物也面临着严重的虫害困扰。比如，豆荚螟危害黄芪、白扁豆等豆科植物，鳞翅目虫危害药用植物的花果，棉蚜虫危害牛蒡、丹参、颠茄、穿心莲等。因此，对于以花果入药的药用植物来说，借助基因工程培育转基因抗虫新品种，无疑具有十分重要的现实意义。

我国的中药生物技术研究从 20 世纪 90 年代起，开始迈步进入新时期。引入基因工程技术的中药研究与开发，为抗病虫害再生植株的培育带来了福音。以广藿香这种经济价值极高的热带药用植物为例，改革开放后的第一个十年，面对肆意蔓延的广藿香青枯病，由于缺乏有效的防治手段，海南省栽培的广藿香几乎全部覆灭。直到基因工程技术的推广与运用，为柞蚕抗菌肽 D 基因转入广藿香的植物细胞结构创造了条件，广藿香才真正摆脱了青枯病的困扰。除通过这种方式培育抗病能力较强的转基因植株外，将以农杆菌为中介的天蚕抗菌肽 B 基因，借助特殊的方法转入广藿香的组织细胞，在培养基上筛选种芽获得转基因植株，经过 DNA 和 RNA 点渍法及大田攻毒试验，证实天蚕抗菌肽 B 基因已经成功整合到再生植株的核基因组中，获得了高水平表达，产生了较强的抗病效果，这种利用转基因技术培养的抗病广藿香试管无菌苗，也有利于广藿香的抗病虫害发展。

近年来，国内的中药生物技术已经在转基因药用植物的组织和器官研究中实现了广泛应用。中国医学科学院药用植物研究所在药材育种方面，进行了许多积极有益的探索。比如，在诱导丹参变异方面，利用发根农杆菌培育毛状根丹参植株，利用根瘤农杆菌诱导丹参形成冠瘿瘤，并在此基础上分化形成丹参植株，通过比较研究这两种丹参植株与普通栽培的丹参植株在化学成分与形态方面的不同，发现毛状根再生植株外形矮小、节间缩短、叶片皱缩，由冠瘿瘤组织再生的植株外形高大、根系发达、产量极高，而且这两种再生植株的丹参活性物质含量明显高于对照组中普通栽培的丹参植株。此外，感染根瘤农杆菌的宁夏枸杞植株，在含有愈伤组织的培养基上，可以从茎部分化出芽点，并发育成完整的植株，这为宁夏枸杞的大批量培育创造了新的可能。

目前，我国围绕转基因药用植物器官转化和组织培养开展的相关研究，也已经取得了突破性进展。比如，将西洋参DNA导入大豆植物细胞，可以得到转基因大豆。通过分析转基因大豆的形态变异，以及大豆内部异黄酮类化合物的含量，可以从中筛选出富含有效成分的新品种。将大黄、丹参、决明、黄芪、青蒿、红豆杉等药用植物的转化器官，经过毛状根成功诱导后建立相关的培养系统，不仅有利于研究这些药用植物的有效成分，还可以对这些植物的组织进行药理实验。应用分子生物学技术，已经完成青蒿关键酶基因的克隆表达，这为青蒿内部有效成分的生物合成，开创了新天地。

3.药用植物关键酶基因与代谢途径

(1)植物抗冻基因研究。自然的环境条件如光照、温度等，会影响药材的生长。对于生长在长江以南、南岭以北地区的名贵中药，由于易受季节性和地域性等自然因素的影响，通常无法避免低温冻害对药材生产造成的破坏。在受体植物细胞内录入AFP基因，可以促使植物形成抗冷防冻基因表达的相关载体，通过农杆菌将这类载体转入名贵药材的基因组，能够成功改造中药的遗传特性。转入抗冻基因的药材，伴随着栽培区域的扩大，产量也实现了稳步提升。

(2)代谢途径基因研究。药用植物体内的天然活性成分含量极低，而人工仿制合成的流程又十分复杂，面对中药资源日益短缺的现实困境，应用生物酶分析技术，发现影响次生代谢途径的关键酶基因，利用基因克隆提高酶活性，促进细胞快速合成所需的活性成分，提高名贵药材的活性成分含量，这种与代谢途径有关的基因工程研究，在中药领域已经实现了广泛应用。

二、研究目的与意义

自然界的生物种类千差万别，数不胜数。这些生物的天然代谢产物，通常含有大量成分复杂的有机化合物。对这些有机化合物的生物活性与化学结构进行分析与研究，可以发现治愈人类疾病的药方。因此，从分子水平认识并揭示生命的奥秘，为生命科学与有机化学携手探索自然界的未知之谜提供了取之不尽、用之不竭的动力源泉。

第一章　植物生理活性物质技术及开发

植物生理活性物质广泛存在于植物体内，在调节植物生长发育和环境适应性方面起着重要作用。随着植物生理学和化学技术的发展，人们逐渐了解了各种生理活性物质的功能，并围绕此类物质进行机制探索和产品应用开发。基于此，本章重点探讨活性物质开发中的现代生物技术、植物生理活性物质在食品中的应用与开发。

第一节　活性物质开发中的现代生物技术

中药和天然药物发挥药效活性的物质基础是天然活性成分，药用植物中天然活性成分的含量是微量的，如长春碱、美登木碱和紫杉醇等。中国是世界上使用和出口中药材最多的国家，80％以上的中药材都来自药用植物。随着中药现代化的发展，人们对药用植物资源的用量会不断增加。过量的野生资源采集不仅导致了中药材资源的濒危和物种的灭绝，还带来了严重的生态问题。

为解决资源问题和保证中药产品的质量，中国正在大力开展中药材种植的良好农业规范(GAP)基地建设。但是，单纯的大田栽培不仅不能完全满足日益增加的市场需求，而且大田栽培还不得不砍伐山林，破坏植被，导致生物多样性消失，出现农药和重金属残留等严重问题。几乎所有天然创新药物的开发都面临着一个难题，那就是批量化生产过程中能否有稳定的原料药材来源，这也决定了高质量、高水平的天然药物能不能得到广泛应用，获得世界的认可。所以，目前学术界和各大企业都十分关注特定有效成分或组分生产的天然药物人工资源开发技术。

生物技术是利用生物体系(个体、组织、细胞、细胞器、基因等)运用生物工程原理来生产生物产品，培育新的生物品种或提供社会服务的综合性生物科学技术，包括基因工程、细胞工程、酶工程和发酵工程等。对于植物来源的医药品和化学品的生产来说，必须要更有效地使用土地。现代生物工程技术已成为弥补土地资源匮乏并促进土地合理利用的最有效方法和途径。植物细胞、组织、器官培养技术的应用和发展大大提高了植物产品的产量，这使得细胞生物学家和化学工程师的结合成为可能。此外，对更安全、无副作用药物的需求导致使用已被证明安全的天然成分。这些因素的重点在于，生物技术方法无论在质量上还是数量上都可提高医药品和食品添加剂的产量。

一、生物工程在活性物质开发中的发展

“生物工程作为推动生物产业健康发展的新兴学科，具有明显的工程化和产业化特征。”[①]利用生物工程制备药用植物的历史可追溯到 20 世纪初。1959 年，我国首次将微生物培养用的发酵工艺用到高等植物的悬浮培养上。植物细胞在生物合成上具有全能性，这就意味着每个培养的细胞都保持全部遗传信息，因此可能产生其亲代中具有的全部化学物质。该技术较传统农业生产的优点包括：①不受地理、季节变化和各种环境因素的影响；②提供确定的生产系统，确保了产品的连续供应及产品质量和产量的一致性；③可能产生其亲代植物不能产生的新物质；④有利于下游提取和生产；⑤生产快速；⑥能对价廉的前体进行立体和区域专一性的生物转化以生产新化合物。

此后，生物反应器在植物组织培养中的推广应用进展较为缓慢，其原因是植物组织和细胞培养比微生物培养复杂和困难得多。植物细胞培养的次生代谢产物产量常常比原植物的低，这主要是因为植物细胞没有分化。尽管如此，还是有一些植物的细胞次生代谢物产量显著高于原植物的。

尽管植物细胞悬浮培养技术使人们能够利用 20 吨的发酵罐培养人参细胞，但是由于这些缺点使得植物细胞培养很难形成产业化：①大多数细胞的悬浮培养需要添加植物激素，增加了潜在的不安全因素；②植物细胞的增殖速度慢，培养周期长（通常 4～5 周）；③高产细胞系在长期培养过程中易变异，产量不稳定；④悬浮培养需要昂贵的发酵设备，从而增加了成本。

20 世纪 80 年代后期，人们通过发根农杆菌感染植物的方式将其 Ri 质粒上的一段 T-DNA 转移到高等植物细胞的基因组中，建立起了毛状根培养系统。试验证明毛状根培养系统具有生长快、不需要添加外源植物激素、

① 姜爱莉，单守水，鞠宝，等. 生物工程研究生教学案例的建设及应用[J]. 山东化工，2020，49(15)：191.

次生代谢产物含量较高、易于培养等特点。这些特点使毛状根具有很大的工业化发展潜力，因此毛状根出现之后即受到高度重视并获得了飞速发展。中国成功建立的第一个毛状根培养体系是黄芪毛状根，到目前为止，学者们已经成功建立起了黄芪、人参、黄芩、栝楼、决明、龙胆、露水草、长春花、粟米草、野葛、银杏、大黄、丹参、青蒿、甘草、绞股蓝等毛状根培养系统。

二、中药植物细胞培养理论与实践

（一）愈伤组织的诱导

通常，自然界生长的植物细胞是高度分化的，其生长速度慢，易死亡。为了获得用于细胞大量培养的培养物，首先要从植物的不同部位诱导出生长旺盛的愈伤组织。供诱导愈伤组织的外植体可以采用植物的不同器官，幼嫩的根、茎、叶、花或果实都是诱导愈伤组织的好材料，有些植物上较老的器官和组织也有产生愈伤组织的能力。为了得到幼嫩无菌的外植体，通常采用人工培养的无菌苗。或者对不同外植体进行表面消毒，通常用的消毒剂有次氯酸钠、次氯酸钙、氯化汞（$HgCl_2$）和过氧化氢及75%乙醇。75%乙醇穿透力非常强，一般进行30秒～2分钟的处理。为了既提高消毒效果又把对植物细胞的损伤降到最低，通常将乙醇和次氯酸钠（钙）等联用，如75%乙醇30秒+1%（有效氯）次氯酸钠10分钟。消毒后必须除去消毒剂，以免对组织细胞产生损伤。在外植体消毒过程中必须掌握好度，消毒不足易染菌，消毒过度则杀伤细胞，不能成功诱导愈伤组织。消毒好的外植体切块（块根）、切段或剥取花粉，置于附加不同植物激素的固体培养基上培养。培养基常有MS、SH、B_5等，琼脂用量常为0.5%～0.7%或0.3%植物凝胶，前者扩散性好，后者对植物细胞的毒性小。大多数外植体愈伤组织诱导的温度为20～25℃。

愈伤组织形成后需要通过继代培养不断增殖，一般在固体培养基上进行继代培养，通常2～4周继代一次。得到愈伤组织以后，在愈伤组织继代培养时需要优化培养基和调整培养温度与光照，以获得最大的生物量和有用成分的产率。

（二）高产细胞株的筛选和培养条件的建立

最初诱导而来的愈伤组织合成次生代谢产物的能力往往不是很高甚至没有合成能力，必须使用一定的方法和程序筛选出具有高产性状的细胞株。

同时培养基的成分和激素配比及其他培养条件(如光、温度、pH 等)都可以直接影响培养细胞的生长和合成,必须对各种因子的效应做深入细致的研究并最终确定最佳培养条件。

高产细胞系筛选的具体步骤如下:

第一,从原植株合成和积累次生代谢物的部位取外植体培养成愈伤组织。

第二,将每块愈伤组织切成若干小块并在含适当激素的培养基中培养10～14 天,转不含激素的培养基上培养若干天,将其分为两半,一半拿去进行次生代谢产物含量分析,另一半继续继代培养。

第三,待化学分析结果明确后,将次生代谢含量最高的组织块再切成多个小块,接种,继代培养。

第四,重复上述筛选程序多次,最终选出产量最高的细胞株。

如果能分离出单细胞,那么由此继代并发展出来的细胞系的形状就有可能基本保持一致,减少嵌合性,从理论上说,这无疑是更理想的。如在单细胞的基础上结合物理、化学诱导则有可能筛选出更理想的结果。由于分离单细胞往往不容易,因此常常通过原生质体培养来完成。有时这样筛选出来的高产细胞株在长期继代培养后常出现较大的产量波动,这可能是产生了突变或嵌合体的缘故,需要进行不断的克隆选择才能保持高产性状。

(三)细胞悬浮培养系的建立及大量培养

通过研究,科研人员发现悬浮培养是最适合细胞生长的,细胞悬液能够大大提高细胞的生产效率。细胞悬浮培养指的是采取悬浮培养的方式培养液体培养基中的细胞,可以将培养物放在培养瓶中,如实验室常用的大锥形瓶,也可以在生物反应器中大规模培养。一般从愈伤组织中提取细胞和聚集体,也可以直接从植物器官或组织外植体中直接提取。只有满足以下三个基本条件,才算是成功的细胞悬浮培养体系:①悬浮培养物较为分散,细胞团面积不大,通常由少于几十个的细胞组成,单细胞的悬浮细胞体系较为罕见;②具有良好的均一性,细胞的形状和细胞团大小要保持一致,从外观上来看,悬浮系是大小相同的小颗粒,用倒置显微镜观察,可以看到细胞团的体积和形状大概相同;③生长较快,通常 2～3 天就能看到悬浮细胞量增值一倍。

为了从愈伤组织获得单细胞和小的细胞集合体,必须先获得疏松易碎的愈伤组织。在大多数情况下,疏松易碎的愈伤组织不容易直接由外植体诱导获得，而是在愈伤组织继代过程中通过筛选获得的。为此应将愈伤组织转移到快速生长的培养基上生长，然后挑选那些颗粒细小、疏松易碎、外观湿润、鲜艳的白色或淡黄色愈伤组织，经过几次继代和筛选，再用于诱导悬浮培养系。

诱导疏松易碎的愈伤组织的关键是培养基中应当有较高含量的无机氮源、丰富的有机附加物（如水解酪蛋白、L-脯氨酸、谷氨酰胺和椰乳等）及较高的激素浓度。培养基的蔗糖浓度也会影响愈伤组织的形态，蔗糖浓度低时有利于疏松易碎愈伤组织的形成，而浓度较高时可能有利于坚硬的愈伤组织或胚状体的形成。对于诱导疏松易碎愈伤组织另一个行之有效的方法是适当缩短继代培养的间隔时间，可以每隔 7～10 天转移一次，转移接种时尽量将愈伤组织平铺于培养基表面。获得疏松的愈伤组织后，取 2 g 愈伤组织放入盛有 20～40 mL 液体培养基的三角瓶中，放在 120 r/min 左右的摇床上，25℃及黑暗或弱光下培养。培养 2～3 天后，如果培养瓶中仍有大块的愈伤组织，则培养物先用孔径 500 μm 左右的尼龙网过滤，再用 60～100 μm 的尼龙网过滤，即可获得较均匀的细胞悬浮培养物。

悬浮培养初期，细胞悬浮培养物可能呈现黏稠状，影响细胞生长，此时可以进行短时间间隔（2～3 天）更换新鲜培养基，继代培养几次后，这种状况可自行消失。转移培养时要注意细胞与培养基的比例，以在 120 r/min 条件下细胞可在培养液中浮起为宜。在更换培养基时应注意条件培养基（培养瓶中原有的培养基）和新鲜培养基的比例，一般以 1∶3 为宜。之所以保留 1∶3 的条件培养基是因为经过短时间细胞的条件培养基具有促进细胞分裂的功效。

继代培养时悬浮培养物的生长速度受培养物起始密度的影响。在悬浮培养中，接种量的多少对细胞的生长往往有较大的影响。生长曲线可以用来表示悬浮培养细胞生长的特点，它能为细胞继代和收获的时间及发酵培养等提供重要的参考数据。在紫草上的试验表明，接种后 0～3 天为延迟期，细胞很少生长，3～12 天为对数生长期，12～15 天进入静止期。在细胞生长的同时，培养液中的 pH 上升，第 12 天是细胞生长的高峰，同时 pH 达到最大值，随着细胞进入静止期，pH 也逐渐接近最初的水平。

药用植物细胞大量培养常常采用来自微生物发酵的生物反应器，一般有对 O_2、CO_2、pH 的调节装置，可使培养细胞处于一个基本稳定的状态。这种反应器的大小可为 1～20000L。由于植物细胞具有膨压和大液泡的特点，采用适当的搅拌方法极为重要，否则易打碎细胞。为了降低搅拌的切变力，目前常采用气升式反应器。

（四）植物细胞生物反应器培养

生物反应器是为特定的细胞或酶提供适宜的增殖或进行特定生化反应的关键设备，并且都是利用生物催化剂进行生化反应的设备。“生物反应器应用于植物细胞培养，不仅打破了地域条件的约束，而且可以通过人为的方式进行干预，为植物细胞的大规模培养进行系统化与人工化的养殖，为植物细胞的新陈代谢创造了一个有利的条件，是目前植物细胞培养工作的研究热点。”[①]

生物反应器培养具有很多优点：工作体积大，单位体积生产能力高，物理和化学条件控制方便等；而且还能通过控制反应器培养的理化条件而大幅提高目的产物产量，甚至生产出原本通过植物栽培无法获得的新药物。因此，（药用）植物细胞的大规模生物反应器培养具有重要的现实意义。影响药用植物细胞悬浮培养的因素主要有：①合适的氧传递；②良好的流动特性；③低的剪切力。

第一，氧。植物细胞对氧的需求比微生物低。由于植物细胞培养的高密度和高黏度特性，氧的传递会受阻。

第二，剪切力。悬浮培养中，剪切力分为固—液作用、气—固作用和固—固作用。剪切力对植物细胞的影响是辩证的。其积极影响表现为增加通气，保持良好的混合状态和细胞分散性，在适合的条件下，甚至可以提高细胞产率和增加次生代谢产物产量。在多数情况下，则呈现副作用，造成细胞损伤，影响细胞形态、代谢和聚集状态等。

三、提高次生代谢物产量的方法

许多方法被用来提高次生代谢产物的产量。我国在高价值的次生代谢产物，如紫草细胞培养生产紫草素、黄连细胞培养生产黄连素及罂粟细胞培养生产血根碱方面均已取得了巨大成功，这些都已经实现了工业化水平生产。在过去的多年里，使用植物细胞培养刺激次生代谢产物的形成和积累取得了重大进展。

---

① 陈永伟，张乐晶．植物细胞培养生物反应器的种类特点及展望[J]．种子科技，2017，35(11)：28．

提高植物细胞培养次生代谢产物产量的策略如下：

获得生长迅速的细胞系。

筛选产生有益代谢产物的高生长速率细胞系。

细胞诱变。

优化培养基以获得更高产率。

固定化细胞以提高胞外代谢产物产率，利于生物转化。

使用诱导子在短时间内提高产量。

提高代谢物向胞外渗透的能力，促进下游分离提取过程。

吸附分离培养基中产生的代谢物，克服代谢物的反馈抑制。

在适当的生物反应器中放大细胞培养体系。

（一）外植体的选择

生产次级代谢产物可以通过植物细胞，但要注意先将外植体的愈伤组织诱导出来，而外植体之间存在差异，因此它们在诱导愈伤组织及合成次级代谢产物等方面的能力也不同，所以要慎重选择外植体。

栀子不同部位诱导愈伤组织的能力各不相同，比较容易诱导出愈伤组织的部位是胚轴、胚根和子叶，时间为 1 天。花苞和未成熟的果实切块也比较容易诱导出愈伤组织，时间大约为 10～15 天，这些诱导率都超过了 90％。相对来说，成熟果实切块愈伤组织诱导较难。外植体选用银杏的子叶、幼叶片和茎段，在诱导愈伤组织和继代培养过程中，诱导率最高的是子叶，其次为叶茎，最低的是茎段。用不同地区和不同生长时期的当归外植体来诱导愈伤组织时，诱导率按从高到低的顺序排列依次是根和叶柄、根茎、叶片；此外，愈伤组织的形成也会受到外植体母株生长环境的影响。

东北红豆杉幼嫩的茎、叶、芽三种外植体均能较快地诱导出愈伤组织，并有合成紫杉醇的能力。叶产生愈伤组织的速度较快，芽出愈率最高，达 100％。不同来源的愈伤组织生长以芽最快，其次是茎，叶最慢，但叶愈伤组织中紫杉醇的含量最高，达 0.03％，是芽或茎愈伤组织的 3 倍。根据紫杉醇含量和每升可产愈伤组织干重来计算的每升培养基生产紫杉醇的量，叶愈伤组织仍是芽或茎愈伤组织的 2 倍多。在茜草愈伤组织培养过程中，来源于叶柄和茎的愈伤组织蒽醌积累量比来源于茎尖（顶端分生组织）和叶的愈伤组织高。

（二）细胞系的筛选

选择目标产物含量高的亲代植物诱导愈伤组织以获得高产细胞系。然后筛选各种不同细胞克隆，包括目标产物含量高的细胞株系。筛选高产细胞系的方法有很多，目前使用较多的是直接筛选法和诱变育种法。

利用大量细胞存在的生物化学活性多样性可得到高产细胞系。如果目标产物是色素，那么很容易进行选择。例如，在紫草细胞培养中对大量克隆进行广泛筛选使紫草素的产量增加 13～20 倍。对 4 种红豆杉的愈伤组织培养物多次进行比较、选择，最终选择出含量高、生长良好的细胞系。利用小细胞团法筛选花色苷含量高的玫瑰茄细胞系，花色苷含量（以干重计）最高者为 2.33%（质量分数），产量为 13.44 mg，分别比对照提高了 14.5 倍和 16 倍。其他技术也被用来筛选高产细胞系。

为了获得过量生产的细胞系，也常常采用诱变策略。从栽培和野生中国黄连的幼叶切块诱导出愈伤组织，选择较松散的愈伤组织转入液体悬浮培养，获得游离细胞和细胞聚集体。经 60Co-γ 射线辐射诱变和平板培养，筛选出小檗碱含量相当于 6 年生亲本植物根茎含量的有 8 个细胞系，最高的细胞系含量为 6.12%。

选择性试剂的使用也被用作另一种选择高产细胞系的方法，这种方法将大量细胞暴露在有毒（或细胞毒素）抑制剂或环境压力中，只有那些能抵抗选择程序的细胞才能继续生长。p-氟苯丙氨酸（PFP）是苯丙氨酸的结构类似物，它被广泛用来筛选高产苯酚的细胞系，辣椒 PFP 细胞系的辣椒素和迷迭香酸的产率得到了增加。其他选择性试剂如 5-甲基色氨酸、草甘膦和生物素也被用来选择高产细胞系。

（三）营养元素调节

培养环境的操纵对增加产物的积累必须是有效的，通过改变外部因素如营养水平、压力、光照和生长调控，可以改变许多次生代谢产物的表达。植物细胞培养基中的许多成分是影响细胞生长和次生代谢产物积累的重要决定性因素。

第一，糖。植物细胞通常是异养型的，它们使用简单糖作为碳源。蔗糖水平影响次生代谢产物的产率。彩叶草培养基中蔗糖含量分别为 2.5% 和 7.5%（质量浓度），其迷迭香酸产量分别为 0.8 g/L 和 3.3 g/L。在蔗糖含量 4%～12% 范围内，发现 8% 蔗糖最适于长春花细胞培养积累吲哚生物碱。增加蔗糖含量到 8%，花菱草细胞悬浮培养物中苯并菲啶生物碱的产量增加 10 倍达 150 mg/L。蔗糖单独产生以及与其他试剂共同产生的渗透压调节葡萄细胞培养产生的花青素产量。在茄科植物中发现蔗糖具有作为碳源和渗透压试剂的双重角色，但是当归细胞培养中5%的高含量蔗糖降低了花青素的产量，然而3%的蔗糖有利于花青素积累。

第二，氮水平。在细胞培养中，氮含量影响蛋白质和氨基酸产物的水平。植物组织培养基如MS、LS或B_5中均含有硝酸盐和铵作为氮源，但是铵态氮/硝态氮的比例和总氮水平显著地影响植物次生产物的产量。

第三，磷酸盐水平。培养基中磷酸盐的含量是影响植物细胞培养次生代谢产物含量的重要因素。高水平的磷酸盐会促进细胞生长，然而对次生代谢产物的积累却具有负面影响。降低磷酸盐的含量会诱导长春花产生阿吗碱和苯酚，使烟草细胞产生腐胺、骆驼蓬产生哈尔满生物碱。相反，增加磷酸盐含量会刺激洋地黄中地高辛的合成，以及细叶藜和美洲商陆中β-花青苷的合成。

第四，生长调控因子。生长调控因子的浓度通常是次生代谢产物积累的关键因素。在植物细胞培养过程中，生长素或细胞分裂素的种类和含量或生长素与细胞分裂素的比例会大大改变细胞的生长和产物的形成。多数情况下，2,4-D会抑制次生代谢产物的积累。在这种情况下，降低2,4-D含量或用NAA或IAA代替2,4-D，通常能提高烟草细胞悬浮培养系中尼古丁的含量，以及紫草中紫草素的含量，但是也可以发现2,4-D会刺激胡萝卜悬浮培养中类胡萝卜素的合成。细胞分裂素对于不同种属植物细胞和不同类型的代谢产物具有不同的效应。

（四）优化培养环境

培养环境因子，如光照、温度、培养基pH和氧气，对许多类型的培养物中次生代谢产物的积累具有重要作用。对于愈伤组织的诱导和细胞的生长，通常使用的温度范围为17～25℃，但是每种植物都倾向于不同温度。16℃培养的长春花细胞生物碱含量是27℃的12倍；32℃培养的烟草细胞的泛醌产量比24℃或28℃培养得更高。通常在培养基灭菌前将pH调节到5～6，在培养过程中氢离子浓度也会发生改变。胺同化期间培养基pH降低，摄取硝酸盐pH则升高。氧气和搅拌对于大规模生产至关重要。

四、药用植物毛状根培养

与愈伤组织和细胞悬浮培养相比，毛状根培养生长速度快，不需要激素的催化，而且含有大量的有效成分，培养十分简单。毛状根由生长激素自己培养，在没有激素的培养基上也能够蓬勃生长，在生长速度方面远超悬浮细胞培养，如黄芪毛状根，在短短的16天内就可以增殖404倍，其中的有效成分——黄芪皂苷甲含量也较高。从金荞麦无菌苗的叶柄诱导出的毛状根经筛选和继代培养后，高产株系的毛状根增殖速度很快，这是悬浮细胞培养和器官培养无法企及的增殖速度。对药材来说，这一培养体系至关重要，因为有1/3左右的传统药材来源于植物根部。当前我国已经在40多种植物药材中建立了毛状根培养系统，如长春花、烟草、紫草、人参、曼陀罗、颠茄、丹参、黄芪、甘草等。除此之外，毛状根产生的某些有效成分是一些药用植物的愈合组织无法合成的，如具有抗炎功效的青蒿素，无法从青蒿的愈伤组织中提取，却能够从毛状根中提取，毛状根的这些特点有利于药用植物的有效成分实现工业化生产。

（一）毛状根生产药物概况

毛状根培养技术具有诸多优点，所以越来越多的人开始研究培养毛状根作为药源，培养毛状根来生产药物也越来越受欢迎。对传统药材来说，毛状根培养系统至关重要，因为有很多传统中药材就是植物的根部。以前有很多来自植物根部的药材无法利用细胞培养来生产，而毛状根培养系统则解决了这一难题。

毛状根大规模培养技术的主要问题之一是物质转移，这是由于培养对象是相互连接的非均匀物质，其流动力学性质明显不同于悬浮培养细胞。大规模培养使用的反应器有多种类型，其中以气升式效果为佳。虽然转化根可以产生许多化合物，但它们不能产生在地上部分合成的化合物，而分化的芽、茎则能促进这些化合物的合成。通过根瘤农杆菌感染形成的畸形芽可能发展成为另一类重要的培养系统。目前，我国已建立了颠茄、薄荷、长春花等药用植物的畸形芽培养系统，其生长速度有的还超过毛状根。关于培养条件对生长和有效成分含量的影响的研究，以及大规模培养的技术操作，还有待于进一步完善。

（二）发根农杆菌和Ri质粒的分类

土壤中存在一个微生物大家族，里面生活着形形色色的微生物，土壤农杆菌便是其中的一员。土壤农杆菌是一类圆柱状的革兰氏阴性菌，它可分为两类，即发根农杆菌和根瘤农杆菌。发根农杆菌感染植物之后就会使许多双子叶植物从感染部位长出许多细长的毛状根。发根农杆菌含有一种侵入性的巨大质粒，当发根农杆菌感染植物的受伤部位时，这种侵入性质粒片段 T-DNA 就会转入植物细胞的基因组。由于 T-DNA 上含有植物激素合成的基因,使转化的植物细胞能无限增殖,作为其表型便从被感染部位长出许多毛状根,这种侵入性巨大质粒就被称为 Ri 质粒。

Ri 质粒能诱导产生一类特异的氨基酸衍生物——冠瘿碱。根据 Ri 质粒所诱导产生的冠瘿碱种类的不同可将 Ri 质粒分为三种类型,即甘露碱型、黄瓜碱型和农杆碱型。

发根农杆菌自带的 Ri 质粒类型赋予其独特的致根特性。如果农杆菌带有农杆碱型 Ri 质粒,那么寄主范围就远远大于带有甘露碱型或黄瓜碱型 Ri 质粒的农杆菌。即使是同一种农杆菌,致根特性也与被接种的寄主植物及接种的部位有关。

(三)Ri 质粒的结构和功能

对于任何一种类型的发根农杆菌,其菌体内部存在大小各异的 3 种质粒,如在 A_4 菌株的菌体内存在着 pRiA4a(约 180kb,质量为 110×10u)、pRiA4b(约 250kb,质量为 160×10u)和 pRiA4c(约 430kb,质量为 260×10u)。其中 pRiA4b 与毛状根的诱导有关。

在 Ri 质粒上含有与转化有关的两个主要功能区,即 T-DNA(转移区)和 *vir*(致病区)。T-DNA 在转化中携带外源基因插入宿主基因组中,而 *vir* 区并不发生转移。

农杆碱型 Ri 质粒上的 T-DNA 是不连续的,分为 T_L-DNA 和 T_R-DNA 两个 T-DNA 区。这两段 T-DNA 之间隔着一段约 15kb 的非转移 DNA。T_L-DNA 大小为 19～20kb,包含 4 个与毛状根形态发生及植株再生有关的位点 *rol*A、*rol*B、*rol*C、*rol*D,其中 *rol*B 最重要。

T_R-DNA 的大小为 20kb,它含有编码生长素合成酶基因(*tms*)和农杆碱合成酶基因(*ags*)两个区域。*tms* 区域含有与 Ti 质粒知 *tms* Ⅰ 和 *tms* Ⅱ 同源的基因。这两种基因参与植物生长素的合成,如果它们发生突变,则通常会造成 Ri 质粒侵入性的丧失或减弱。*ags* 区域含有农杆碱合成酶基因,参与农杆碱的生物合成。T_L-DNA 和 T_R-DNA 共同作用时,转化能力大大提高,这表明两者在转化时具有协同效应。

甘露碱型和黄瓜碱型 Ri 质粒的 T-DNA 是连续的,其上不含生长素合成基因,与农杆碱型 Ri 质粒的 T_R-DNA 没有明显的同源性,但与 T_L-DNA 具有高度同源的片段,后者的高度保守序列可能编码所有类型发根农杆菌共有的生根功能基因。三种 Ri 质粒 T-DNA 两端各有一段与 Ti 质粒

T-DNA 左右边界序列高度同源的 25bp 重复序列，是切割 T-DNA 时的特异性酶切位点。

在 Ri 质粒上还有一段称为致病（*vir*）区的 DNA 片段，它的大小为 35～40kb，三种类型 Ri 质粒的 *vir* 区具有很高的保守性，并与 Ti 质粒的 *vir* 区同源。*vir* 区基因在转化过程中并不发生转移，它的功能是将 T-DNA 传递进植物细胞内。通常情况下，*vir* 区的 7 个操纵子 *vir*A～*vir*G 中除 *vir*A 属于组成型表达外，其余均处于抑制状态。当发根农杆菌侵染时，植物伤口产生的低分子酚类化合物（乙酰丁香酮、羟基乙酰丁香酮等）能以 *vir*A 的表达产物为媒介激活其他 *vir* 基因联合群，表达产生一系列限制性核酸内切酶。酶切产生的 T-DNA 链在细胞核定位信号的引导下穿过农杆菌细胞膜上的特定孔道，进入宿主植物细胞核，进而整合到植物基因组中。单子叶植物不易被 Ri 质粒感染可能正是因为其细胞缺乏合成特异小分子酚类化合物的能力，这时可以通过外源添加乙酰丁香酮等酚类化合物改善感染能力。

（四）毛状根生产药物技术的展望

提高生产效率、降低生产成本是培养毛状根生产药物技术今后研究的主要内容。为此，要实现用毛状根大规模工业化生产天然药物，必须从以下方面着手。

1. 通过诱导和选育建立高产的毛状根株系

发根农杆菌有不同的类型，被感染部分的细胞和生理状况等方面也各不相同，因此 T-DNA 插入植物细胞基因组的长度、位置和数目也存在差异。因为一个细胞可以产生一条毛状根，所以植物感染部分产生的毛状根株系在形态、生长速度和有效成分含量等方面也千差万别。要培育出产量高的毛状根株系，可以将毛状根分离，分别进行培养，然后监测其生长速度和有效成分的含量。如用 15834 株发根农杆菌感染日本新莨菪，诱导出约 1500 根毛状根（不定根），经过除菌、分离、培养等步骤后获得能在不添加植物激素的培养基上迅速生长的 29 个毛状根株系，并从中选育出高产株 $CloneS_{22}$，其莨菪碱含量达到 1.3%，为原植物根中含量的 3 倍。运用上述的诱导和选育方法获得了黄芪高产毛状根株 A. m-H-2，其干重在 16 天内即可增加 404 倍。

2. 提高毛状根的生产速度和有效成分含量

通过环境因子（激素、培养基、诱导子、光照等）的调节可以显著提高毛状根的生产能力。例如，丹参毛状根虽在无激素的培养液中能正常生长，但用低浓度的激素(IAA 0.1 mg/L)处理2天后移至无激素的培养液中继续生长可使其生长速度提高1倍以上。不同培养基试验表明，丹参毛状根在6,7-V培养基上的生长速度要比在RC培养基上快3.2倍，在MS培养基上生长的毛状根的丹参酮含量要比在RC培养基上高出近0.9倍。此外，在丹参毛状根培养后加入真菌诱导子密环菌发酵物可使丹参酮含量显著增加，以致接近生药的水平，光照或赤霉素GA均能促进青蒿毛状根中青蒿素的生物合成。

3. 毛状根技术与其他基因重组技术的联合运用

(1)用基因转化技术来调控次生代谢途径。用次生代谢关键酶基因来调控植物细胞的次生代谢是增产有效成分的有力措施。如莨菪碱6β-羟化酶是莨菪烷生物碱合成途径中催化莨菪碱合成6β-莨菪碱，进而合成东莨菪碱的关键酶。用发根农杆菌介导，用花椰菜花叶病毒35为启动子改造Ri质粒，将天仙子羟化酶导入颠茄细胞中，并获得羟化酶活性高的毛状根，可以使东莨菪碱的含量提高5倍。

(2)用反义技术来调控代谢途径。通过反义技术在植物细胞内植入DNA或RNA片段，控制其某一代谢途径上关键酶的活性，会对其活性成分含量产生影响。如亚麻属植物黄亚麻，用反义技术调节其毛状根中肉桂醇脱氢酶的活性，从而抑制木质素的合成，可以提高抗癌成分5-甲基鬼臼素的含量。从本质上来看，因为有基因重组技术，才有毛状根，结合其他基因重组技术可以充分发挥毛状根的生产潜力。

4. 通过毛状根次级代谢途径提高药物产量

通常情况下，植物次级代谢产物拥有多种多样的合成途径，大多是网络结构，包含几个或十几个酶，其代谢流分布也各不相同。现在对毛状根合成各种药物的代谢途径知道得还不够多，所以无法采取过多的措施来增加药物产量，效果也不好。因此要深入研究毛状根次级代谢的规律，找到最佳的调控方法，才能进一步提高生产效率。

5. 开发新型生物反应器和建立新的培养方法

实现毛状根大规模培养，物质转移是需要解决的一个重大问题。毛状根在生长过程中极易形成团状结构，如果毛状根的密度较大，那么在反应器中则是封闭的状态，培养基液体无法进入，相比于细胞悬浮培养，较难控制其混合、物质传递和培养环境。与此同时，因为毛状根的抗切变能力不强，无法大幅搅拌，所以缺少合适的培养装置，目前使毛状根生产药物工业化的关键就在于开发容量较大的毛状根培养生物反应器,更新培养方法,节约生产成本。

第二节 植物生理活性物质在食品中的应用与开发

植物活性成分的生理功效是通过一系列实验检验、鉴定得出的。通过检测含活性成分的食品化学组成,分离鉴定其化学结构,从而提出某一成分具有某种功能特性的假设,通常情况下,研究者是通过动物实验来验证对活性成分作用机制的假设,而目前也有研究者开始尝试人体实验。检测及鉴定结果表明,有些活性成分可能是通过双重作用机制对人体健康产生积极的作用,但有些可能并不是在人体中真正起作用的物质。

植物活性成分的实际应用可作为营养成分、食品添加剂或膳食补充剂,这可能要再过很多年才能得到人们的广泛认同。另外,它们的作用机制可能来自彼此的添加及合成作用的结果。无论如何,保证安全是最为必要的。

未来功能性食品的构造设计及其发展方向,无疑是科学工作者面临的一大挑战,尽管目前已采用生物标记研究功效,也使用了先进的技术做大规模的非入侵性的人体研究和应用,但它仍需依赖与食品组分的生理调节有关的基础科学知识,以保护人类健康和降低疾病风险率。

功能性食品市场的发展趋势必须根据消费者的需求来明确主攻方向,这是功能性食品产业生存和发展的立足点。未来几年,消费者关注的“目标功能”食品大体上有三个方面:第一,以公众健康为目标的功能性食品;第二,以提高机体健康和精神状态为目标的功能性食品;第三,降低慢性疾病风险的功能性食品。

以下九种用途的功能性产品市场前景将非常广阔:

第一,预防关节疾病:含有姜辣素提取物、ω-3 脂肪酸、葡萄胺、硫酸软骨素及抗氧化剂等生理活性物质的功能性食品能预防关节萎缩、发炎及疼痛等疾病。

第二,预防肠胃疾病:如今患有消化功能紊乱(如胃溃疡、肠道综合征、胃炎及便秘等)疾病的病人相当普遍,中草药疗法备受世人关注。许多植物如生姜、薄荷油、曲香、番木瓜、甘菊、欧亚甘草及芦荟等都具有增进肠道健康的功能。另外,含益生菌或益生素的食品深受消费者欢迎。

第三,预防血液疾病:某些功能性食品或配料(如车前草纤维、ω-3 脂肪酸及菊粉)有助于降血脂。

第四,预防骨骼疾病:植物雌激素、菊粉或矿物元素(如 Ca、Zn、Mn 和 Cu)对改善骨质疏松症有明显疗效。

第五,补充激素:激素对于性、新陈代谢及身体机能是不可或缺的。激素会随着年龄的增长而不断减少,妇女围绝经期综合征与激素减少有关。一些功能性植物活性成分(如大豆异黄酮及亚麻籽)对治疗围绝经期综合症状有显著效果。

第六,代替脂肪:使用脂肪替代品可降低饮食中的能量,燃烧脂肪,避免脂肪的沉积,苯酚、藤黄、铬都有助于能量的消耗。然而它们也有副作用,如苯酚,在临床中就应着重降低其副作用至最小。

第七,增进视力:抗氧化剂有助于保护眼睛晶状体,免受氧化性物质及光线的损伤,从而避免患白内障。其他特定的植物活性成分(如叶黄素和玉米黄质)对视网膜具有一定的保护功能。

第八,缓解压力及失眠症:洋甘菊、圣约翰草或 5-羟色胺可以缓解精神压力及神经质,5-羟色胺或缬草属植物对失眠有疗效。

第九,预防乳房病症及前列腺疾病:水果、蔬菜、谷类及草药中的植物活性成分对乳腺癌及前列腺癌有独特的疗效。

第二章　类胡萝卜素及其开发应用研究

类胡萝卜素在自然界中存在广泛，结构和功能多种多样，是最重要的天然色素之一。基于此，本章主要探讨类胡萝卜素的结构与性质、类胡萝卜素的主要功能表现、类胡萝卜素的生产技术、天然类胡萝卜素的生物合成进展、类胡萝卜素植物资源的开发应用。

第一节　类胡萝卜素的结构与性质阐释

一、类胡萝卜素的结构分析

（一）一般结构

结构上，类胡萝卜素是聚异戊二烯复合物，它们通过 2 个含有 4 个甲基 20 个碳的分子尾对尾连接而成。所有的类胡萝卜素都是由 40 碳骨架衍变而来的。类胡萝卜素可分成以下两类：

第一，碳水化合物型的类胡萝卜素，称作胡萝卜素，仅由碳氢两种元素组成，如番茄红素和 β-胡萝卜素。番茄红素有两个非环末端，β-胡萝卜素有两个环己烷末端。

第二，氧化型的类胡萝卜素，称作叶黄质（或称作氧化型类胡萝卜素），含有一些氧代基团，如羟基、酮基、环氧基，该类化合物包括：①玉米黄质和叶黄素；②紫菌红醚（含甲基）；③β-胡萝卜素-4-酮（含氧基）；④花黄素（含环氧基）。

类胡萝卜素的分光光度特性由共轭双键系统产生。在分子的两端，类胡萝卜素有线性基团或环状基团，如环已胺和环戊烷。这些末端基团所添加的含氧功能基团与加氢水平的变化相组合，形成了类胡萝卜素结构的主体。

所有的类胡萝卜素都可以通过 $C_{40}H_{56}$ 脂肪烃单元加氢、脱氢和氧化反应获得。它们都包含有共轭双键,这些双键能够影响其物理、化学和生化性质。

类胡萝卜素通常由 8 个异戊二烯单位连接而成,在分子结构的中心,各相连的单位因 C1,C6 的位置关系发生翻转,把甲基传递给 C20 和 C20′,而保留 C1,C5 上的甲基。类胡萝卜素分子最明显的特征是具有较长的多烯链,有 3～15 个连接键。发色基团的长度决定了该分子对光谱的吸收量,这些都是建立在 7 种不同的末端上。在高等植物的类胡萝卜素中发现,这些末端只包括 4 种因子(β,ε,κ,φ)。

(二)顺反异构体

碳碳双键结构有两种存在形式,即顺式异构或反式异构。目前,顺式/反式这个术语在类胡萝卜素生物化学及天然产物化学领域广泛使用。依据分子中存在的双键数量,理论上可形成大量不同的单一和多聚顺式几何异构体,然而,由于受原子空间的约束作用,很少有异构体可以通过实际的异构反应形成。

天然类胡萝卜素主要以全反式共轭结构存在,当然也有例外的情况,如杜氏藻属的某些嗜盐种类——杜氏盐藻,可产生数量可观的 9-顺式-β-胡萝卜素。人体中分布着不同的类胡萝卜素异构体,不同的系统或组织中存在的异构体模式不同。

含有延伸共轭双键,并为全反式共轭结构的类胡萝卜素是一种线性分子。非环化类胡萝卜素,如番茄红素,含有可延伸的末端基团,比那些含有环状末端基团结构的类胡萝卜素分子要长。与全反式类胡萝卜素相比,它们的顺式对应物是非线性的,这就影响了它们的溶解性及在亚细胞结构上的定位。

一般认为含氧类胡萝卜素,如玉米黄质横跨双分子层膜,在生物膜体系中没有选择取向。

(三)光学异构体

由于不对称碳原子的存在,很多类胡萝卜素都含有手性中心。这些化合物可能存在不同的空间异构形式,如光学异构体或对映异构体,它们之间彼此存在镜像关系。光学异构体除了有可以与偏振光起作用的性质,还具有和一般异构体相同的性质。

一般天然类胡萝卜素只以一种可行的对映异构体形式存在,这是因为类胡萝卜素的生物合成是基于光学异构选择的。一个有趣的例外是人体黑眼球中的玉米黄质，玉米黄质的不同光学异构体都可被检测到，它们在黄斑中有不同的分布模式；而在人体血液中，只有一种光学异构体的玉米黄质可被检测到。因此，在黄斑中必然存在光学异构体的互换现象。

二、类胡萝卜素的基本性质

（一）溶解性

类胡萝卜素是一类极端亲脂的化合物，几乎不溶于水。在水环境下，类胡萝卜素分子会凝结和黏附在一起。它们可以溶解于非极性有机溶剂，如四氢呋喃、卤代烃和（正）己烷中。

在机体中，类胡萝卜素存在于细胞膜或亲脂性组织，如人体脂肪中。它们主要被转移到亲脂性脂蛋白中，包括乳糜微粒、超低密度脂蛋白和高密度脂蛋白。类胡萝卜素定位在亲脂性组织间具有重要的生物学功能，包括亲脂抗氧化活性、在生物膜中起稳定作用的特性等。在一些植物中，羟基化类胡萝卜素是由不同的脂肪酸酯化产生的，这样可以使其具有更高的亲脂性。

（二）光吸收与光化学特性

由于线性共轭双键系统的存在，类胡萝卜素会表现出很深的黄色、橙色或红色。它们的吸收光谱与共轭双键的数量有关，一般在400～500 nm范围内。

类胡萝卜素表现出很高的消光效率，针对这一特点采用适当的分析方法对类胡萝卜素进行检测具有相当高的灵敏度。紫外光谱法是一种典型的分析方法，可以首先用于鉴定某些特殊类胡萝卜素。这些单体类胡萝卜素的光谱特性还可以提供更多更精细的结构信息。它们的顺式异构体在波长320～360 nm处具有一个额外的吸收带，其强度取决于顺式键在分子中的位置，当顺式键位于分子的中心时，吸收带的强度很高，如15-顺式-β-胡萝卜素。当1个双键与类胡萝卜素分子末端结合时，光吸收就会表现得很微弱甚至消失，如5-顺式-β-胡萝卜素。

被电子激活的分子可与生物学上的重要化合物起反应，并削弱它们的功能。植物的光合作用系统中存在的类胡萝卜素，其功能之一就是猝灭这些被激活的分子。能量从三线态或单线态氧$^1O_2$向类胡萝卜素的传递效率很高。

$^1O_2$的灭活有两种途径，即物理猝灭和化学猝灭。物理猝灭是将能量

从活性氧分子传递给三线态的类胡萝卜素，从而削弱$^1O_2$。被激活的类胡萝卜素能量通过类胡萝卜素与溶剂之间的振动被分散和削弱，从而使类胡萝卜素恢复为基态。类胡萝卜素在这个过程中保持原样，这使得它们可以循环进行对$^1O_2$的猝灭作用。由类胡萝卜素起作用的化学猝灭不到$^1O_2$总猝灭的0.05%，但对该分子最终的猝灭起主要作用。类胡萝卜素是最有效的$^1O_2$天然猝灭剂，其猝灭率持续稳定在$(5\sim12)\times10^9$ mol/s。

三、类胡萝卜素自由基化学

含有共轭双键的类胡萝卜素带有可进行反应的多余电子，很容易同亲电化合物反应，从而使类胡萝卜素的氧化性不稳定，在有氧反应条件下趋向于自氧化。类胡萝卜素与氧化剂或自由基的反应取决于多烯链的长度及末端基团的状态。

类胡萝卜素与自由基之间的相互作用可生成胡萝卜素的氧化产物，如将β-胡萝卜素暴露于自由基中可以观察到几种类型的氧化产物。β-胡萝卜素的自氧化反应可形成环氧衍生物，用过氧化氢自由基发生器处理β-胡萝卜素可使后者在多烯链的中心双键上形成一个环氧衍生物，过氧化氢粒子发生器可以使β-胡萝卜素在多烯链上的中间双键形成环氧化物。

类胡萝卜素的抗氧化性质与清除不同类型自由基时的速度、反应模式、生成的类胡萝卜素自由基性质有关。类胡萝卜素清除自由基有不同机制，从而生成各种类胡萝卜素自由基，并最终决定了产物的类型。反应产物包括一系列清除产物、氧化产物（基本上是环氧化物）和许多顺式异构体，它们具有潜在的有害作用。影响这些自由基反应速率的因素包括自由基性质、外部环境（水或脂类区域）和类胡萝卜素的结构特征（极性和非极性末端、氧化-还原性质），这些因素不只作用于内部反应，也作用于脂类双分子层结构位点和方向，同时会影响它们所形成的聚集体。

（一）类胡萝卜素与过氧化氢自由基反应

一般认为在体内去除过氧化氢自由基是抗氧化剂的主要任务，因此关于类胡萝卜素与过氧化氢自由基反应的研究很多。该反应的第一步是过氧化氢自由基加合在类胡萝卜素的一个双键上，形成一个共振稳定的C中心自由基中间体，如ROO-CAR$^{\cdot}$（CAR表示类胡萝卜素）。接着，其他的过氧化氢自由基结合上来形成中性加合物ROO-CAR-OOR。这个过程一般发生在低氧条件下，以消耗过氧化氢自由基。类胡萝卜素的这种抗氧化活性可以保护细胞膜免受过氧化反应的损伤。尽管如此，在高浓度氧的环境下，类胡萝卜素中间自由基也可能加氧形成一个类胡萝卜素过氧化氢自由基，如 CAR-OO 或 ROO-CAR-OO。这种中间体能够起到前体氧化剂的作用，用以启动过氧化反应，如脂类的过氧化反应。

最初阶段，类胡萝卜素清除自由基表现出一种或多种性质：

$$CAR+ROO^{\cdot} \rightarrow CAR^{\cdot+}+ROO^{-} \quad (2\text{-}1)$$

$$CAR+ROO^{\cdot} \rightarrow CAR^{\cdot}+ROOH \quad (2\text{-}2)$$

$$CAR+ROO^{\cdot} \rightarrow ROOCAR^{\cdot} \quad (2\text{-}3)$$

其中，式 2-1 表现为电子转移，式 2-2 表现为烯丙基氢的吸引，式 2-3 表现为加成。生成的类胡萝卜素自由基有不同性质，但不同自由基间可相互转化。β-胡萝卜素通过向能产生共振中心的共轭双键体系中增加过氧化氢类胡萝卜素自由基（$ROOCAR^{\cdot}$）的方式来清除过氧化氢自由基。但是，当氧压力增加时，β-胡萝卜素抗氧化剂的作用会降低，这是由 β-胡萝卜素自行氧化造成的。

产物分析表明，类胡萝卜素加成自由基和类胡萝卜素自由基（$CAR^{\cdot}$）是过氧化作用的中间体。在自行抗氧化作用时生成了类胡萝卜素氧化产物，其特征说明 β-胡萝卜素通过氢原子吸引和自由基加成反应清除了过氧化氢自由基。

过氧化氢自由基的活性是确定反应类型的重要依据。有许多参数可以反映过氧化氢自由基的相对活性，包括单电子还原能力、反应的 pK_a 值等。

酰基过氧化氢自由基和三氯甲基过氧化氢自由基是十分活跃的自由基，因此这些自由基可在极性介质中通过电子转移与不同的类胡萝卜素发生反应。

酰基过氧化氢自由基与类胡萝卜素在极性溶剂和非极性溶剂中的反应有不同的现象。在非极性己烷或苯中，反应经历了自由基加成到 $ROOCAR^{\cdot}$ 的过程，吸收值在可见区，但没有产生近红外（NIR）吸收。这个加成自由基通过第一数量级动力学（速率常数约 $10^3 s^{-1}$）经过一个衰解过程生成环醚。但是，在极性溶剂甲醇中反应，可以生成加成自由基和两个 NIR 吸收，揭示了两种特殊的类胡萝卜素[7，7′-二氢-β-胡萝卜素（77DH）和 ξ-胡萝卜素]的存在。系列醇（甲醇，乙醇，1-丁醇，1-戊醇，1-癸醇）溶剂研究显示，溶剂极性对 NIR1 和 NIR2 形成的相对量有较大的影响。NIR1 是个极性物质，为一个紧密相连 $CAR^{\cdot+}$ 的电子对和过氧化氢负离子或自由基阳离子形成的异构体。

酰基过氧化氢自由基与类胡萝卜素在甲醇中反应的速率常数与酰基过氧化氢自由基和三氯甲基过氧化氢自由基反应的常数相比还是较低的。苯基过氧化氢自由基(还原潜势约为 0.78V)的氧化性比脂类过氧化氢自由基的氧化性稍强,在加成途径中,它们在苯/甲苯溶剂里被 β-胡萝卜素和 CAN 清除。这两种类胡萝卜素的速率常数相似,约为 1×10^6 mol/(L·s)。因此,像 β-胡萝卜素这样的类胡萝卜素可以有效地保护细胞不受叔丁基羟基过氧化物高剂量的破坏。脂类过氧化氢自由基比酰基过氧化氢、三氯甲基过氧化氢自由基的活性弱,它们的还原潜势只有大约 0.7V。β-胡萝卜素和过氧化氢自由基在不同极性的溶剂[从环已烷到叔丁醇-水(7∶3)]中的反应表明,过氧化氢自由基与脂类过氧化氢自由基有相似的活性。由于过氧化氢自由基的还原性低,因此该反应未经历电子转移过程。

(二)与其他自由基反应

类胡萝卜素和 CH_3CH_2SD 在叔丁醇-水混合物中的反应在相同波长区域内不能产生近红外(NIR)吸收带,但能产生紫外-可见(UV-VIS)吸收带。产生紫外-可见(UV-VIS)吸收的物质是加成自由基$[RS\text{-}CAR]^{\cdot}$,它容易被衰解。苯硫基自由基 PhS 和类胡萝卜素在苯溶剂中的反应导致了加成自由基的形成,吸收值在与亲代化合物相同的波长区域内。

谷胱甘肽自由基(GS)与视黄醇在含水和甲醇溶剂中的反应,由于视黄醇$^{\cdot}$(Retinol$^{\cdot}$)或[GS-视黄醇]$^{\cdot}$的存在,检测到一个很强的吸收($\lambda_{max}=380$ nm),而视黄醇的吸收值在 585 nm 处。

β-胡萝卜素在 50∶50 的丁醇-水中与 $CH_3CH_2SO_2$ 的反应,根据一个加成自由基生成的 β-CAR^+ 和 UV-VIS 吸收特征,发现了在 NIR 中的瞬时吸收现象。但是,CH_3SO_2 与其他类胡萝卜素在叔丁醇/水混合物中生成两种 NIR 吸收带,而加成自由基的吸收带在 UV-VIS 区域。

(三)类胡萝卜素自由基与氧分子的反应

对于类胡萝卜素在 CH_2Cl_2 中与铁氯化物反应,$CAR^{\cdot+}$ 可以与氧气反应,最终生成 5,8-过氧化物,在含水环境中 $CAR^{\cdot+}$ 易失去一个质子,而生成中性的自由基。这类中性类胡萝卜素自由基与氧气反应,生成具有助氧化性的类胡萝卜素过氧化氢自由基,如 2-4 和 2-5 反应式所示:

$$CAR^{\cdot}+O_2\rightarrow CARO_2^{\cdot} \tag{2-4}$$

$$ROOCAR^{\cdot}+O_2 \rightarrow ROOCARO_2^{\cdot} \quad (2\text{-}5)$$

对脂类过氧化氢自由基中β-碎片生成的速率常数进行外推，结果表明以上两个反应的逆反应是很快的。氧浓度对类胡萝卜素抗氧化活性有相当重要的作用，它与类胡萝卜素抗氧化活性呈负相关，而这种关系被归结于类胡萝卜素自由基和氧气间的拟平衡。

在高浓度氧气存在的情况下，平衡会向 $RO_2CARO_2^{\cdot}$ 合成方向移动，$RO_2CARO_2^{\cdot}$ 既可以与 CAR 反应，诱导其自行氧化，也可以与脂类反应，造成持续的脂类助氧化作用。但是，当氧气浓度低时，平衡向 $ROOCAR^{\cdot}$ 方向移动，$ROOCAR^{\cdot}$ 可以与另一个 $RO_2^{\cdot}$ 反应，或经由烷氧基化作用生成一个环氧化物。因为不同的组织中氧气的浓度不等，类胡萝卜素可能在不同的组织中有不同的表现。在组织生理条件下，肺部的氧气压力一般是 0.20×10^5 Pa(150 mmHg)左右，而在其他组织中会降至 0.02×10^5 Pa(15 mm-Hg)左右，甚至更低。

当氧气浓度增至 0.01mol/L 时，$ROOCAR^{\cdot}$（R＝酰基）不受影响。但是，这些加成自由基会内部衰解，生成环氧化物（或环醚），并以 10^3/s 的速率常数(k_1)进行，这是第一个过程。这也使得 $ROOCAR^{\cdot}$ 与氧气的反应速率常数上限在 10^5/s 左右。但是烷基(R)类型可能决定了环氧化物合成的速率常数。因此，对于更小的 k_1 来说，如果速率常数足够高，则 $ROOCAR^{\cdot}$ 与氧气的反应是可能完成的。

（四）与其他氧化剂的作用

类胡萝卜素与活性自由基反应生成的 $CAR^{\cdot+}$ 在生物体内具有危害作用。$CAR^{\cdot+}$ 可氧化酪氨酸和半胱氨酸，如反应式 2-6 和 2-7 所示，如果该反应发生在体外，则它们会修饰蛋白质结构，并由此影响它们的功能。

$$CAR^{\cdot+}+TyrOH \rightarrow CAR+TyrO^{\cdot}+H^{+} \quad (2\text{-}6)$$

$$CAR^{\cdot+}+CyrOH \rightarrow CAR+CyrO^{\cdot}+H^{+} \quad (2\text{-}7)$$

$$CAR^{\cdot+}+AscH \rightarrow CAR+Asc^{\cdot}+H^{+} \quad (2\text{-}8)$$

$$CAR^{\cdot+}+TOH \rightarrow CAR+TO^{\cdot}+H^{+} \quad (2\text{-}9)$$

$CAR^{\cdot+}$ 可以被其他的抗氧化反应再次利用，如抗坏血酸(AscH)和维生素 E(TOH)，如反应式 2-8 和 2-9 所示。维生素 E 和抗坏血酸自由基可分别被抗坏血酸和 NADH-半脱氢抗坏血酸还原酶再次利用。如果类胡萝卜素在膜中的方向接近于含水相，就可以观察到 $CAR^{\cdot+}$-抗坏血酸的作用。对于碳氢化合物类胡萝卜素而言，如果寿命长的 $CAR^{\cdot+}$ 能向含水相迁移，那么这种作用就有可能发生。除非 TOH 存在，否则番茄红素和 β-CAR 对 UVA 光不表现任何光抵抗作用。这种现象归结于 TOH 清除一些氧化产物的能力，这些产物可能是由类胡萝卜素的相互作用生成的。

（五）类胡萝卜素聚合反应

尽管聚合物的合成对单线氧抑制的影响已有报道，但有关类胡萝卜素聚合作用的自由基清除性质的研究报道还较少。这些聚合物存在的可能性是在研究植物光合作用的过程中被首先提出来的，认为它们可能是高等植物的捕光化合物，但在生物组织中尚未直接观察到它们的合成。类胡萝卜素聚合物可以在体外细胞实验中生成，尤其是在含水的适宜条件下，一旦类胡萝卜素达到一定浓度，这些聚合物就可能合成，但目前对它们的化学性质却知之甚少，只知道 H-型聚合物被合成后，会发生明显的光谱变化，这意味着与共轭双键系统的反应很可能会受到影响。再者，类胡萝卜素的不同反应也使聚合作用变得更容易，结果是某个类型的聚合作用（J-型或 H-型）更容易完成。类胡萝卜素的顺式异构体的聚合作用比全反式异构体的弱。

（六）类胡萝卜素的助氧化作用

β-胡萝卜素在高浓度的氧环境，以及高浓度的其他类胡萝卜素条件下可能起到助氧化剂的作用。类胡萝卜素在氧气局部低压如小于 2×10^{4} Pa 时，可以表现出抗氧化性质，但在氧气浓度较高时，可能丧失其抗氧化作用，甚至产生助氧化作用。同样，类胡萝卜素本身的浓度也可能影响其抗氧化能力，在类胡萝卜素高浓度时，其抗氧化作用减弱，并引发助氧化作用。然而，不是所有的可食用类胡萝卜素都会在这方面起相同的作用。

培养的细胞在高浓度类胡萝卜素的情况下，不只是抗氧化作用会丧失，其（β-胡萝卜素、番茄红素和 LUT）助氧化剂作用也会丧失。在高浓度类胡萝卜素的情况下观察到的抗氧化活性的减弱可能与类胡萝卜素的聚集作用有关，因此类胡萝卜素自由基化学的聚集作用是需要进一步研究的。当然，类胡萝卜素与自由基的相互作用同样需要研究，这在高浓度类胡萝卜素的情况下是很重要的。

为了解释类胡萝卜素所表现出来的助氧化作用，学者们主要提出了以下一些假说：

第一，在与过氧化氢自由基相互作用后，类胡萝卜素分子可能被异构化、氧化或断裂生成在生物体系内不同的、可能有破坏作用的活性产物。但是，它们对关键的生物过程，如细胞信号通信和细胞增殖的作用仍不得而知。

第二，高浓度类胡萝卜素改变了生物膜的性质，并可能影响高浓度类胡萝卜素对毒素、氧气分子和自由基的通透性。在这种特殊的情况下，不同的类胡萝卜素（胡萝卜素或叶黄素的顺式异构体或反式异构体）可能无法像它们在低浓度时那样起作用，它们与活性氧化物（ROS）或其他抗氧化剂相互作用的能力可能被改变。

第三，与 ROS 的相互作用会生成类胡萝卜素过氧化氢自由基，类胡萝卜素过氧化氢自由基产生脂类氧化物。在高浓度的类胡萝卜素和（或）增加氧气压力的情况下，需要注意这些潜在的高活性物。

综上所述，在确定类胡萝卜素与不同的自由基反应速率和机制类型中，至少有三个重要的因素：①类胡萝卜素结构；②基质的极性；③自由基活性。

类胡萝卜素分子所在生物环境的性质会影响其活性，主要是通过与 ROS 或与其他抗氧化剂（包括其他类胡萝卜素分子）相互作用，或对组织或类胡萝卜素在基质中的配置产生间接影响。

第二节 类胡萝卜素的主要功能表现

一、类胡萝卜素在光合作用中的功能表现

很多植物都有自己特殊的类胡萝卜素，例如，番茄中含有特殊的类胡萝卜素、番茄红素，胡椒中也发现了特殊的辣椒玉红素，而柑橘类植物中的是枳橙黄质。

在花和水果中，类胡萝卜素位于色素母细胞内，叶绿体中也常发现不同的 5,6-环氧化基和 5,8-环氧化基，以及氢氧酯基的衍生物。在色素母细胞中，类胡萝卜素常常以球状或纤丝状的结构积累，并与丝状蛋白结合在一起。在许多植物中都发现了这些蛋白质，其大小为 30～35kDa，占色素母细胞蛋白质的 80%。它们有几个高度同源的区域，包括疏水的发夹区域。

在植物的光合作用中，类胡萝卜素起着必不可少的作用。在所有进行光合作用的有机体中，类胡萝卜素主要有两种功能，即作为光吸收阶段光合作用的辅助色素和在强光下保护细胞免遭 O_2 的损伤。

在植物中，类胡萝卜素是光捕获系统中的必需成分，它们可以吸收光量

子并将能量传递给叶绿素，由此协助植物吸收 450～570 nm 波长范围的光。能够在植物中起这种作用的类胡萝卜素主要有叶黄素、紫黄质和新黄质。在叶绿体中，类胡萝卜素与光合色素蛋白化合物中的叶绿素有联系。β-胡萝卜素是光系统Ⅰ和Ⅱ中的核心成分。在光系统Ⅱ的反应中心含有15-顺式-β-胡萝卜素，而在复杂的光捕获（LHCP）体系中，叶黄质是主要的类胡萝卜素。

类胡萝卜素的第二个重要功能是保护光合作用元件在强光下免受 O_2 损伤，这些元件由激发的三线态叶绿素产生。含有 9 个或更多的 C 共轭双键的类胡萝卜素分子可从叶绿体中吸收三线态能量，由此阻止单态氧自由基的形成。玉米黄质对于消除叶绿体中激活的多余能量起着重要作用。在藻类植物中，紫黄质光诱导环化可生成玉米黄质（在叶黄素环化中），它与叶绿体光保护过程有密切关系。因为类胡萝卜素有猝灭氧自由基的能力，因此有很强的抗氧化性，可以保护细胞避免 O_2 损害。类胡萝卜素的这种功能实际上在所有有机体中都非常重要。

类胡萝卜素在植物中赋予花朵和果实不同的颜色，以吸引昆虫为其传播种子或授粉。花朵中可以发现大部分橙色、黄色和红色色素，其他许多高等植物的器官也得益于色素母细胞中类胡萝卜素的积累。只要植物绿色组织含有足够数量的 β-胡萝卜素、叶黄素、紫黄素和新黄素，就会在花朵和果实中发生二次积累。

二、类胡萝卜素的生物利用及其功效分析

（一）人体常见的类胡萝卜素

1. 黄体素和玉米黄素

黄体素存在于人的视网膜、血浆和其他一些组织中。在视网膜中，黄体素的主要功能是保护接受光氧粒子的感光细胞，所以黄体素在阻止视网膜斑点恶化方面起着重要的作用。黄体素拥有化学防护活性，能比胡萝卜素和番茄红素更有效地沟通连接细胞间隙和抑制脂肪过氧化反应。黄体素和玉米黄素普遍存在于人体卵巢和其他组织中。阔叶菜、杧果、番木瓜果、橘子、桃子、南瓜、菜豆、椰菜、卷心菜、羽衣甘蓝、生菜、甘薯和哈密瓜中都含有大量的黄体素；商用黄体素是从万寿菊中萃取的。黄体素没有维生素 A 原的活性，黄体素和玉米黄素都有抗过氧化反应的作用。

2. 番茄红素

虽然9-顺式异构物、13-顺式异构物、15-顺式异构物也有可测信号并约占总番茄红素的50%，但血清中定量的一般是番茄红素的全反式异构物。在对类胡萝卜素的实验研究中发现番茄红素在抗氧化性能上比α-胡萝卜素、β-胡萝卜素、叶黄质、黄体素、玉米黄质更有效。血清中的番茄红素含量与患膀胱癌、胰腺癌、消化道癌的概率成反比。番茄红素在许多组织中存在，如甲状腺、肾、肾上腺、脾、肝脏、心脏、睾丸、脂肪和胰腺。

番茄红素是导致红色水果和蔬菜，如番茄、粉红柚、红葡萄、西瓜和红番石榴具有颜色的原因。番茄红素不能在体内转化为维生素A，其生物和物理化学性质，尤其是它的抗氧化性，已经引起了广泛关注。番茄及其产物是番茄红素的主要来源，而且也是食谱中补充人体类胡萝卜素的重要来源。新鲜番茄中的番茄红素基本上是反式结构，加工过的番茄中番茄红素的生物利用度比新鲜番茄高，因食物加工过程中可通过打破细胞壁削弱果实和番茄红素间的键力来提高番茄红素的生物利用率。

3. β-玉米黄质

β-玉米黄质能够抗氧化。橘子、杧果、番木瓜果、哈密瓜、桃、南瓜中都含有玉米黄质，它也是黄油显色的主要物质。β-玉米黄质表现出维生素A原的活性。人类从橘子汁中摄取β-玉米黄质后乳糜微滴和血清中的β-玉米黄质增加了。肝脏中的β-玉米黄质浓度是血清中的4倍。

4. β-胡萝卜素与α-胡萝卜素

人体中α-胡萝卜素含量是β-胡萝卜素的6倍。β-胡萝卜素具有抗氧化能力，能保护低密度脂蛋白(LDL)不被氧化。人体中3～6倍浓度的LDL加上饮食补充的β-胡萝卜素，其抗氧化性比体外11～12倍浓度的LDL有效得多。与对照组相比，冠心病患者血浆中的α-胡萝卜素和维生素E的浓度非常低。胡萝卜是唯一富含α-胡萝卜素的来源。β-胡萝卜素和α-胡萝卜素存在于人体甲状腺、肾、脾、肝脏、心脏、胰腺、脂肪、卵巢、肾上腺、黏膜细胞等器官的组织中。

(二)类胡萝卜素的吸收与组织分布

类胡萝卜素的吸收、转运过程分为四个步骤：①食物消化释放类胡萝卜素；②小肠内脂质微粒的形成；③小肠黏膜细胞的摄取；④被转运至淋巴循环及血液循环。

自然界的类胡萝卜素，主要以其蛋白质复合物即胡萝卜素蛋白的形式存在。蛋白质复合物能抑制胡萝卜素的消化与吸收,食品加热过程能提高β-胡萝卜素的浸出率与生物利用率。

如果不形成脂质微粒的形式,则类胡萝卜素很难被人体吸收,这和脂溶性维生素相似。脂肪饮食可刺激胆汁分泌,使脂肪乳化。

脂质微粒中的类胡萝卜素无论是与小肠上皮细胞接触,还是从微粒转运至细胞中,都伴随着脂质微粒中脂类的转运,可以认为类胡萝卜素的吸收是一个被动过程。在吸收过程中,β-胡萝卜素与其异构体及其他类胡萝卜素之间存在竞争作用。类胡萝卜素由小肠吸收后,在肝内转化为维生素 A 或被储存,与极低密度脂蛋白一同释放入血,类胡萝卜素在血浆中以脂蛋白为载体而转运。空腹血浆中的类胡萝卜素 75%存在于低密度脂蛋白中,其余则分布于高密度脂蛋白和极低密度脂蛋白中。类胡萝卜素在 LDL 中的含量最高,在血清中的浓度也相当高,如番茄红素含量从 50 mmol/L 到 900 mmol/L 不等,有较大的个体多样性。人体吸收的 β-胡萝卜素以与乳糜微粒三酰甘油相似的速度被迅速清理。

人体器官中存在的类胡萝卜素主要是 α-胡萝卜素、β-胡萝卜素、番茄红素、叶黄素和 β-玉米黄质。番茄红素存在于人类的大部分组织中,但含量不同。

类胡萝卜素吸收机制的研究主要集中于 β-胡萝卜素,一般通过测定急性血浆反应、代谢阻断剂对类胡萝卜素吸收的影响等方式来确定类胡萝卜素的吸收机制。人和各种动物对类胡萝卜素的吸收存在很大差异。人能吸收完整的 β-胡萝卜素和其他很多极性和非极性的类胡萝卜素;牛能特异地吸收牧草中的 β-胡萝卜素;鸡主要吸收叶黄素;猪、绵羊、山羊几乎不吸收任何完整的类胡萝卜素。代谢阻断剂试验表明,β-胡萝卜素的吸收不受酶或受体的调节,也不消耗能量,是一种无受体调控的被动扩散过程。

(三)类胡萝卜素的生物利用

生物利用指可食用营养物质在生物体内的储存或对机体生理功能所起的作用。类胡萝卜素的生物利用率分为绝对利用率和相对利用率。绝对生物利用率是指摄入一定量的类胡萝卜素后在体内形成的活性维生素 A 的量;相对生物利用率是指摄入某一种类胡萝卜素后,相对于参考物质体内一些指标的变化。常用的参考物质有油中的 β-胡萝卜素或已知量的高效利用的预成维生素 A。由于很难找到符合条件的测定绝对生物利用率的食物,已公布的生物利用率都是相对于参考物质得出的相对生物利用率。

现今通用的类胡萝卜素生物利用率的换算标准是，食物中 6 μg 的全反式 β-胡萝卜素相当于食物中的 1 μg 全反式视黄醇。依据有以下两点：①β-胡萝卜素在体内转换为维生素 A（视黄醇）的最大转换率为 2∶1；②食物中的 β-胡萝卜素的平均生物利用率为油中 β-胡萝卜素的 1/3，因此每微克的视黄醇相当于 2×3＝6 μg 的 β-胡萝卜素，这一比值适用于任何单位如纳克、毫克等。

影响类胡萝卜素生物利用的因素至少有 9 种：类胡萝卜素的种类、分子连锁、类胡萝卜素的消化量、类胡萝卜素的基质、吸收和生物交换的有效率、宿主的营养状态、遗传因素、与宿主有关的因素及影响。尽管人体所需的脂肪量很低，每餐需 3～5 g，但由于类胡萝卜素是一些可溶性类脂，比起富含脂肪的食物来说，类胡萝卜素更易被肠道吸收。至于食物的基质，菠菜中的黄体素在植物细胞壁裂解后，其生物效用更高。胡萝卜素的溶解性较低（混合蔬菜中为 14%），而纯化的 β-胡萝卜素加有简单基质，其溶解性较好，并能优先结合成乳糜微粒。类胡萝卜素个体对其他类胡萝卜素的吸收有抑制作用，比如，角黄素抑制了番茄红素的吸收，并且肠道细胞对类胡萝卜素的吸收比较容易。

（四）类胡萝卜素的生物功效

类胡萝卜素是由植物合成的天然色素，对各种水果、蔬菜的颜色起重要作用。在人们吃的食物中有多种类胡萝卜素，其中绝大部分具有抗氧化作用。由于在很多国家 β-胡萝卜素是水果、蔬菜中最常见的类胡萝卜素，故被研究最多。从番茄中提取的番茄红素和 β-胡萝卜素有相似的抗氧化性。抗氧化剂（包括类胡萝卜素）具有防止慢性疾病的能力。在活体和动物模型中，β-胡萝卜素及其他类胡萝卜素都有抗氧化作用。混合类胡萝卜素或与其他抗氧化剂的混合物可以提高抗自由基的作用。由于绝大多数动物中类胡萝卜素的吸收或代谢与人类不同，所以用动物模型研究类胡萝卜素有其局限性。

在自然界中能找到超过 700 种类胡萝卜素，大概 40 种存在于人类膳食中，但仅有 19 种及其代谢物能在血液和器官中被识别出来。许多流行病学的研究显示，类胡萝卜素的高摄入与降低慢性疾病的发生有直接关系。类胡萝卜素对动物及人体的生物机制所具有的作用主要包括：①补充维生素 A 的作用；②脂氧化酶活性的调节；③抗氧化作用；④激活对细胞间交流起作用的某些基因。

在20世纪70年代,有人第一次在文章中表述了将类胡萝卜素的高吸收量与健康联系在一起,也证实了含有较多果蔬的膳食与降低癌症和冠心病的发病率有关。因此,提倡人们每天至少吃五种不同的水果和蔬菜,其中含有6 mg的类胡萝卜素。随后的研究重点集中在膳食中的各种类胡萝卜素,尤其是β-胡萝卜素、番茄红素、黄体素和玉米黄素,特别是它们作为生物抗氧化剂和免疫系统的调节物的研究——类胡萝卜素的抗氧化活性是降低发病率的关键因素。

三、类胡萝卜素与维生素A

(一)维生素A的发现与功能

维生素A是第一个被发现的维生素,但其全部的生物作用至今还没有完全被确定。1909年研究人员发现在鸡蛋卵黄中有一种成分对生命至关重要,这种成分是"脂溶性"片段"A",因此随后被称作维生素A。β-胡萝卜素能够转化成维生素A,这种转化主要发生在肠和肝中。

维生素A和类胡萝卜素具有潜在的抗氧化作用,两者都可以保护脂肪不被破坏。通过生物膜的实验可以提出类胡萝卜素可能抑制脂肪自由基的机制,维生素A和类胡萝卜素可作为生物抗氧化剂。今天,至少有12种形式的维生素A被分离出来,还存在超过700种的类胡萝卜素。它们的抗氧化活性和它们在一些不同疾病的发病机制中所起的作用已经被证实并继续研究。

视黄醇是维生素A的自由醇形式,能被酶可逆地转化为维生素A的活性形式;视黄醛在大量的组织中存在,视黄醛能被进一步转化为潜在的转化因子;而维生素A酸的反应是不可逆的。也有一些证据支持从视黄醇到维生素A酸而不经过视黄醛的中间反应这样一条直接的转化途径。

除了视网膜,视黄醛在其他组织里的浓度都非常低,因为酶的作用会使它还原为视黄醇,或者进一步形成维甲酸。为了使视黄醇通过酶促作用形成维甲酸,必须将其从许多细胞的血清中通过白蛋白提取出来。在细胞中维甲酸与蛋白质连在一起形成维甲酸结合蛋白(CRABP),然后从它的连接位点分离出来,它是通过维生素D和甲状腺素连在一起的。

维生素A_2(脱氢视黄醇),从前认为它只在淡水鱼的眼睛中存在,与维生素A_1(视黄醇)仅仅是在第3位碳和第4位碳之间的双键不同,现在发现

尽管它比维生素 A_1 的存在范围小，但它在许多哺乳动物的组织中都存在。视黄醇在血清中通过视黄醇结合蛋白(RBP)运输，这比通过转甲状腺素蛋白要复杂得多，转甲状腺蛋白传输甲状腺素，即三碘甲状腺原氨酸。一般认为，这种方式的传输能防止在肾中由于肾小球过滤而引起的小分子维生素A-RBP的丢失。

维生素A在其他组织中，包括心脏，是通过血清传输获得的。细胞膜是否有利于维生素A的扩散或对其吸收有积极作用目前还不清楚。一个细胞内的视黄醇蛋白分子，被称为细胞视黄醇结合蛋白(CRBP)，当它的连接位点不能通过配位体占据时，就在细胞内为视黄醇提供出一个在热化学上有利的浓度梯度。

为了连接细胞内的CRBP，当蛋白质的浓度在10pmol/mg左右时，维生素A能找到细胞和细胞膜脂类双分子层中的切入位点。像维生素E(生育酚，另一种脂溶性抗氧化维生素)一样，维生素A在脂类双分子层附近的极性区域表现出定向的环状碳结构，而它的多烯链伸展到双分子层内侧的非极性区域。

鉴于视黄醇、视黄醛和维甲酸都是维生素A的生物有效活性形式，所以它们在高浓度时都有毒性，因此剩余的维生素A必须被储存起来。在肝脏中通过酰基转移酶的反应生成维生素的长链脂肪酸酯，这是最初的储存形式。视黄基棕榈酸酯、油酸酯、肉豆蔻酸酯、硬脂酸酯和亚油酸酯都是从肝、肾、肠和肺中专门用于储存的星状细胞中分离出来的。

当血清中视黄醇的浓度降低时，视黄基酯能通过水解酶水解生成视黄醇。视黄醇在一些肉食动物，如猫、狗体内没有什么用处，在这些动物体内，维生素A不会通过结合血清中的RBP的方式传输。因此，需要使用这些动物模型的实验必须考虑到维生素A运输方式的不同。

(二)类胡萝卜素的维生素A功能

“类胡萝卜素是一种重要的天然色素，广泛存在于动植物以及微生物体内，是人体维生素A的主要来源，对人类健康具有重要作用。”[①]大部分类胡萝卜素具有抗氧化活性，并且也有可能加强免疫反应，对致癌物代谢酶的活动也很重要。然而，只有大约50种类胡萝卜素具有维生素A的功能。

---

① 刁卫楠，朱红菊，刘文革.蔬菜作物中类胡萝卜素研究进展[J].中国瓜菜，2021，34(1):1-8.

维生素 A 原是类胡萝卜素最大的功能所在，50 种左右带有 β-环末端的类胡萝卜素具有这种功能，如 β-胡萝卜素、玉米黄素、β-玉米黄质等。

日常食用的类胡萝卜素中，α-胡萝卜素、β-胡萝卜素和 β-玉米黄素具有维生素 A 原的活性，然而黄体素、角黄素、玉米黄素和番茄红素只有很低的活性或没有活性。动物实验表明，玉米黄素和黄体素可能具有一定的活性（$<5\%$），甚至像番茄红素这样缺少末端环状结构的维生素 A 原类胡萝卜素，也具有维生素 A 的一些功能。

人类血浆中的主要类胡萝卜素如 α-胡萝卜素、β-胡萝卜素、番茄红素、玉米黄素和黄体素等几乎都连接在脂蛋白上（75%在 LDL 上，25%在 HDL 上）。人体里类胡萝卜素的主要储存器官为肝和脂肪组织。饮食摄入后这些类胡萝卜素的血清浓度在不同的人之间存在很大的差异，时间、性别、地理位置、年龄和酒精摄入量的不同都是影响因素。性别和季节的不同会引起血浆中维生素 A 浓度的变化。

维生素 A 在体内不能合成，只能从饮食中获得。基本饮食来源（包括大部分的蔬菜、水果、奶和肉制品）中维生素 A 原和非维生素 A 原类胡萝卜素的含量经过调查，维生素 A 的基本来源包括蔬菜中的维生素 A 原类胡萝卜素和动物食品中的视黄基酯与类胡萝卜素。优质的维生素 A 饮食来源包括奶制品（牛奶、奶酪、黄油等）、黄色和绿色蔬菜（胡萝卜、甜马铃薯、菠菜、番茄、花椰菜和南瓜）、鱼、蛋、内脏（肝、肾）和小范围的红色肉类。因而，成年人维生素 A 的日摄入量应是 1000 个视黄醇单位（RE），婴儿和儿童分别是 375RE 和 700RE。1RE 相当于 1 mg 视黄醇或 6 mg β-胡萝卜素。目前还没有对非维生素 A 原类胡萝卜素做出相关推荐。

在小肠的肠腔或刷状缘细胞中，大多数从饮食中获得的维生素 A 原类胡萝卜素都被水解成视黄醛，其他的裂解产物来自 β-胡萝卜素裂解酶。视黄醛还原为视黄醇，然后在刷状缘细胞中再次被酯化，并组合成乳糜微粒。在肝外组织中，乳糜微粒部分被脂酶降解，生成乳糜微粒残留物。在肝组织中，肝细胞和裂解酶将酯从残留物中分离出来，以合成游离的维生素 A。游离的维生素 A 能在内质网中再次酯化，并被传输到星状细胞中储存起来或从细胞中排出。

多年前的报道，这些维生素 A 原类胡萝卜素从膳食中被摄取时，在肠道中被 15，15′-双加氧酶切割形成视黄醛。近年来，随着生化研究的深入及哺乳动物基因克隆的不断进展，人们发现 β-胡萝卜素的中心切割实际是一个单加氧酶类型的反应，这种叫作 BCO 的人类重组酶，在消化系统和肝脏中能高效表达。然而 BCO 也同样可以在非消化组织中表达，而在这样的组织中，从血浆中获得的维生素 A 原由 BCO 作用转化为视黄醛。具有 β-环的类胡萝卜素既可以进行对称切割，也可以进行不对称切割，生成一系列阿朴类胡萝卜素，如在 9′，10′上对双键进行切割，可以生成视黄酸前体。9′，10′-双加氧酶也可切割无环的类胡萝卜素，如番茄红素。

关于视黄醇是否以完整的视黄醇-RBP-TTR（前白蛋白）形式，或以视黄醇-RBP 形式（然后再在血清中结合 TTR）从细胞中排出，仍存在争议。类胡萝卜素通过刷状缘细胞吸收并组合成乳糜微粒，再传输到血清中的脂蛋白微粒中。它们在细胞中的分配由于动物种属的不同而有很大差异，而且分配的过程还不是太清楚。在理论上，β-胡萝卜素裂解生成两个视黄醇分子。然而，小肠吸收率的不同、对氧化反应的敏感性以及转化成视黄醇、视黄醛和维甲酸的能力，这些因素使得类胡萝卜素只具有至多 50%的维生素 A 的活性。事实上，人体中 β-胡萝卜素转化为视黄醇的比例是 6∶1。

从维生素 A 原到维生素 A 的生物转化效率，近年来逐渐引起人们的重视。为了提出膳食中所需类胡萝卜素的合理建议量，从维生素 A 原得到维生素 A 的生物转化效率需要进一步进行研究和评价。发达国家一般认为油中 6 μg 的 β-胡萝卜素或混合膳食中 12 μg 的 β-胡萝卜素与 1 μg 的视黄醇等价，即含有相同的维生素 A 活性。根据已有的 FAO 膳食平衡和 FAO/WHO 的折算率，所有的人都应从膳食中摄取一定量的维生素 A。另外，有观点认为，不是 12 μg，而是 21 μg 的 β-胡萝卜素与 1 μg 的视黄醇具有相同的维生素 A 活力。这说明维生素 A 的有效吸收率是很低的。因此，在发展中国家，要想控制维生素 A 的失效率，不仅要求供应维生素 A，还要求有膳食的基本策略，包括食物结构，即尽可能引进一些有较高维生素 A 活力的新作物。

四、类胡萝卜素与心血管疾病

目前，人们正试图找出维生素 A 和类胡萝卜素这两种成分的协同作用与心脏病之间的关系。

第一，在多种心脏病的发病机制中，自由基和氧化状态所起的作用已经得到广泛的认可。局部缺血损伤、心力衰竭、冠状动脉疾病、糖尿病、心肌病和阿霉素引起的心脏中毒都与氧化状态有关。实验表明，饮食中富含抗氧化剂对于减少鼠体内，尤其是心脏的氧化损伤是很有效的。

第二，这两种成分是重要的生理抗氧化剂，能抑制心脏病的发展。当前的一些研究结果显示了维生素 A 和类胡萝卜素的摄入量与代谢情况。研究揭示了维生素 A 和类胡萝卜素的基本结构和代谢特性，以及一些关于它们作为抗氧化剂和心脏病之间联系的信息。

在过去的多年里，维生素 A 和类胡萝卜素在生理上抗氧化而减少心脏病发病率的重要作用受到了人们的重视。维生素 A 的存在形式很少，在高浓度时还具有毒性，它们的代谢是通过一系列的酶完成的，可以与蛋白质结合并使之作为储存媒介。

很多流行病学研究支持维生素 A 和类胡萝卜素的有益作用，大量实验结果表明维生素 A 和类胡萝卜素可能在生理上具有重要的抗氧化性以减少心脏病发病率。然而，还有一些大型的实验得出相反的结果。因此需要更多的工作以解释从干扰实验和流行病学研究中得到的不同结果，需要制定出特定组织中血清和血浆中维生素 A 和类胡萝卜素浓度的标准。

（一）流行病学研究

流行病学研究通常是了解微量营养元素的饮食摄入和疾病征兆间相互关系的第一步。国外学者对维生素 A 和类胡萝卜素与心脏病的相关性做了大量的流行病学观察。流行病学观察对维生素 A 和类胡萝卜素与心脏病的关系总体上得出的是肯定的结论，即较低的维生素 A 和类胡萝卜素血液含量与摄入量会增加患心血管疾病的危险。

这些流行病学的研究显示，在修正了年龄、吸烟和典型危险因素之后，较低的β-胡萝卜素和维生素 A 摄入量与患冠状动脉性心脏病危险性的增高仍然有很大联系。较低的血清总类胡萝卜素水平与较高的冠状动脉性心脏病患病率是相关的，对经常吸烟的人来说这种关系最明显。

饮食中维生素 A 的增加和缺血性心脏病引起的死亡率下降存在很强的相关性。患急性心肌梗死的病人与匹配的对照组相比，其血清中维生素 A 浓度较低。维生素 A 原胡萝卜素的摄入量与颈动脉血管壁的厚度成反比。尽管血清中维生素 A 水平与心血管疾病导致的死亡没有关系，但是血清中较低的α-胡萝卜素和β-胡萝卜素水平与患缺血性心脏病和中风的风险上升有紧密联系，即使在调整维生素 E 水平和典型风险因素如年老、高胆固醇和高血压之后情况还是这样。β-胡萝卜素的血清浓度越低，急性心肌梗死发病率越高，黄体素也可能有这种关系。

当把吸烟因素考虑进去时，发现这些效应仅限于吸烟者。血清里β-胡萝卜素含量较高者患心血管疾病的危险明显较低。皮下脂肪组织中β-胡萝卜素浓度和急性心肌梗死发生率之间是一种反向的关系，这种关系对吸烟者来说尤为明显。每天吃一个或两个胡萝卜的较高β-胡萝卜素摄入量与冠状动脉疾病死亡率下降有微弱的关系。β-胡萝卜素的饮食供给量（根据国家食品供应数据）与冠状动脉性心脏病引起的过早死亡（＜65岁）危险的显著降低有紧密联系。β-胡萝卜素摄入量越高，老年人由心脏问题引起的死亡率就越低。

目前，有关类胡萝卜素和心血管疾病之间关系的数据还在迅速积累。血清中含有大于0.4～0.5 μmol/L胡萝卜素和2.2～2.8 μmol/L维生素A被认为可以降低患缺血性心脏病的危险。

虽然以上结果和假设基本是正向的，但其他的一些流行病学研究结果却提出了不同的看法。例如，芬兰人对心脏病具有易感性，芬兰人也许是由于基因的不同而使他们更容易患心脏病，这种易感性和他们血浆中抗氧化物质的高浓度没有关系。把芬兰人排除在外，或者专门设立一个“芬兰因子”时，跨国流行病学研究结果显示，β-胡萝卜素在降低心脏病引起的死亡中起到了显著的作用。如果没有以上提到的这个校正因子，专家们认为就会低估胡萝卜素的作用。

在其他显示相反结果的研究中也可能存在类似“芬兰因子”的干扰因素。在这样的一些研究中，可能是分析前没有正确地储存样品或没有用风险因子校正数据，如储存温度控制得不好就会使维生素A含量的估计值受到影响。维生素A的血浆浓度受体内主要储存场所（肝和脂肪组织）中维生素调动的严格调节。因为这种缓冲作用，增加维生素A的消耗可能在短时间内不会引起血浆中维生素A浓度的任何变化。

（二）分析结果的生物关联性

人们摄取很少的类胡萝卜素就能够预防心血管疾病，也可能预防癌症。通过临床和流行病学的研究证实，类胡萝卜素是血浆的有效成分，对抵御疾病有很大作用。

澳大利亚Torres海岛上的土著居民年轻人死亡率比澳大利亚其他地方的高很多，在65岁前大约有76%的男性和67%的女性死亡，而对于澳大利亚其他地方居民，只有27%的男性和16%的女性在65岁前死亡。土著居民患心血管疾病（CVD）的风险很大，还包括糖尿病。CVD是导致土著居民高死亡率的主要病因。研究发现土著居民身体中环状类胡萝卜素浓度与英国凯尔特人后裔的澳大利亚人和其他人口相比低很多，据报道他们食用蔬菜和水果较少。因此，饮食因素是导致这些土著居民高死亡率的原因。

希腊移民同样有很高患 CVD 的风险，但是，他们的 CVD 死亡率还是比澳大利亚出生的人群低一些，与土著居民相比则更低。20 世纪五六十年代，移民澳大利亚的希腊人大多都维持传统的地中海饮食习惯。他们的食谱中包括很丰富的蔬菜和水果，尤其是绿色阔叶蔬菜，这反映了他们的血浆中具有相对高的黄体素、番茄红素和玉米黄质浓度。在希腊移民的血浆中，学者还发现了一些高浓度的未得到确认的介于黄体素和玉米黄素之间的化合物。这些未确认的类胡萝卜素应该是黄体素、番茄红素和玉米黄质的氧化代谢物，或是水果和蔬菜其他组分的氧化代谢物。

有证据显示，类胡萝卜素具有调节生理功能以防治慢性疾病的作用。目前认为，心血管疾病是由于氧化胁迫、炎症、血脂蛋白异常、内皮系统功能失调等相互作用引起的。已经确认某些类胡萝卜素对动脉破损和炎症（包括尿蛋白排泄物）有抑制效应，而对硝苯磷脂酶的活性有刺激效应，这种酶对 HDL 的保护功能有部分的调节作用。类胡萝卜素对脂肪和 DNA 被氧化有抑制效应。类胡萝卜素还有调节细胞间相互作用的功能。例如，番茄红素能抑制单核细胞和内皮细胞的结合（动脉硬化过程的一个基本步骤）。另外，类胡萝卜素也有调节免疫系统应答和细胞间联系的功能。

对类胡萝卜素防治由生活方式引起的疾病研究到现在还是非常热门的，而类胡萝卜素的生理功能和饮食功用的研究要求灵敏、准确和有效的方法，这些方法的进步将对防治慢性疾病的基础临床和公共卫生研究项目产生重要意义。

（三）类胡萝卜素与动脉粥样硬化

低密度脂蛋白主动脉粥样硬化的发病过程中对细胞后代产生的氧化修饰作用非常重要，在 LDL 进行氧化修饰之前，生育酚对动脉粥样硬化的发病过程起决定作用。然而，LDL 氧化作用的不同滞后时间也可以是由于其他抗氧化剂包括类胡萝卜素的存在而引起的。虽然 β-胡萝卜素在 LDL 中的浓度远低于生育酚，但在保护 LDL 不被氧化的过程中，β-胡萝卜素起了重要的作用，番茄红素在 β-胡萝卜素之前被消耗。六氢番茄红素在 LDL 总体的抗氧化作用中也起了很重要的作用，它在番茄红素之后、β-胡萝卜素之前的LDL过氧化阶段被消耗。

LDL中类胡萝卜素的保护作用取决于氧自由基最初攻击的部位。如果攻击发生在脂肪/水中间相，更高极性的类胡萝卜素如玉米黄素和黄体素会比较有效。然而，如果发生在脂肪相，低极性的类胡萝卜素如番茄红素和胡萝卜素等将更重要。在高胆固醇兔模型体内，血管内壁依靠β-胡萝卜素的作用而保持着血管舒张。这种改善与游离的LDL或含有β-胡萝卜素的LDL的氧化性没有关系，更有可能是它和血管组织中的β-胡萝卜素含量关系紧密一些。

β-胡萝卜素应该是在血管壁上对LDL的氧化修饰作用进行抑制的。非极性类胡萝卜素像α-胡萝卜素、β-胡萝卜素和番茄红素，在LDL中(约60%)传输得比在HDL(约25%)中或VLDL(约15%)中更多，而极性类胡萝卜素(如玉米黄素、黄体素、玉米黄质等)在HDL和VLDL中传输得更平均一些。

作为抗氧化剂，维生素A较之维生素E的活性要弱3倍，但当两者共存时它们具有抵抗脂类过氧化反应的相加效应。这种增效作用是因为两种化合物在膜内的不同物理部位起保护作用，而不是因为它们之间有任何相互的物理作用。维生素E是在外表面减缓氧化，类胡萝卜素和维生素A则是保护膜的内部。类胡萝卜素和维生素E之间不会直接发生相互作用，但类胡萝卜素在竞争烷氧自由基时能代替维生素E的作用。

五、类胡萝卜素对转录的调节与抗癌机制

对类胡萝卜素的摄取量与癌症的关系进行的评估结果显示，类胡萝卜素的摄取量与肺癌、结肠癌、乳腺癌和前列腺癌的发生率呈负相关，并证实了番茄红素可抑制乳房细胞、子宫内膜细胞、肺部细胞和白血病病变细胞的生长。

不同类胡萝卜素具有抑制不同类型癌细胞扩散的能力，大量的流行病学研究证实了这些植物类胡萝卜素的防癌作用。“类胡萝卜素是一种广泛存在于果蔬中的脂溶性色素，在预防疾病和保护人体健康方面发挥重要功能。”[①]

---

① 郑梦熳，李文韵，刘雨薇.类胡萝卜素肠道吸收及生物利用度研究进展[J].食品工业科技，2021，42(15)：403－411.

类胡萝卜素可以通过改变许多蛋白质的表达水平，包括连接蛋白、第二阶段酶、细胞周期蛋白、细胞周期蛋白依赖性激酶等，同时对癌细胞的生长进行调节以起到抑制剂的作用。类胡萝卜素可以改变蛋白质的表达水平，说明它们的作用是利用相关的转录因子来调控转录过程，这种转录系统在低亲和力和特异性条件下被不同的配合基活化，这种相互作用引起了细胞生长的协同抑制作用。

（一）癌细胞生长在蛋白质表达水平上的抑制机制

类胡萝卜素是单线氧和其他类型氧自由基的优良去除剂。由于癌症的发生归因于 DNA 的损伤，而氧化胁迫是 DNA 损伤的原因之一，因此，以前有关类胡萝卜素抗癌方面的研究多数都集中在它们的抗氧化性质上。类胡萝卜素的抗癌活性机制可能在于它能改变细胞生长和死亡的途径，包括改变激素和生长因子发出的信号、对细胞周期的调节机制、对细胞分化和细胞凋亡的调节。

第一，缝隙连接通信。类胡萝卜素能增强细胞间的缝隙连接通信，并诱导连接蛋白（一种缝隙连接结构的组分）的合成。缝隙连接通信的丧失会导致恶性转化，其恢复也能倒转恶性转化过程。

第二，生长因子。生长因子是癌细胞生长的重要因素，IGF-I 是主要的癌症发病因子。血液中高水平 IGF-I 提示患乳腺癌、前列腺癌、结肠癌和肺癌的概率增加。降低血液中 IGF-I 水平和癌细胞中 IGF-I 的活性可减少相关的癌症患病风险。番茄红素可以降低血液中的 IGF-I，且可以抑制 IGF-I 在人体癌细胞中的有丝分裂行为。番茄红素疗法可明显降低乳房癌细胞中 IGF-I 对胰岛素受体底物的磷酸化，以及 DNA 与 AP-1 转录因子的结合能力。这些作用与有关膜连接的 IGF 结合蛋白（IGFBP）的增加说明番茄红素具有对 IGF-I 发出信号的抑制作用。

第三，细胞周期进程。生长因子在细胞周期调节（主要是 G_1 期）中起了重要作用。番茄红素治疗 MCF-7 乳房癌细胞，可以减缓 IGF-I 刺激的细胞周期进程，同时不会发生细胞的坏死或细胞凋亡。在其他癌细胞，如白血病、子宫内膜癌、肺癌和前列腺癌细胞中，番茄红素可诱导细胞周期的 G_1 期和 S 期延迟。α-胡萝卜素的类似作用已在人类成神经细胞瘤细胞中被证实。同样，β-胡萝卜素在人类正常纤维原细胞 G_1 期诱导了细胞周期的延迟。有实验证明，生长因子主要是在 G_1 期影响了细胞周期进程。另外，细胞周期蛋白 D_1 被认为是一种致癌基因的产物，在许多乳腺癌细胞系中过分表达。在番茄红素存在的情况下，由于血清分离而停止生长的癌细胞即使再次加入血清也无法重返其细胞周期，这种抑制作用与细胞周期蛋白 D_1 水平的降低有关。

第四，与细胞分化相关的蛋白质。将成熟细胞诱导分化，形成具有不同功能、类似于正常细胞的成熟细胞，可以作为化疗的一种替代疗法，这就是所谓的分化疗法。分化疗法可有效地治疗急性白血病。在实验室和临床使用的分化诱导物包括维生素 D 及其类似物、类维生素 A、聚胺抑制物等。单独用番茄红素也能诱导 HL-60 早幼粒细胞白血病细胞分化。其他类胡萝卜素如β-胡萝卜素和黄体素也有类似作用。番茄红素的分化作用与提高几种与分化相关的蛋白质的表达有关，这些蛋白质包括细胞表面抗原(CD14)、氧气猝发氧化酶和趋化性多肽受体等。

(二)类胡萝卜素与转录

类胡萝卜素调节了细胞增殖、生长因子发出信号、缝隙连接细胞间通信的基本机制，并改变了参与这些过程的许多蛋白质的表达，如连接蛋白、细胞周期蛋白、细胞周期蛋白依赖性激酶及其抑制物。类胡萝卜素可以影响众多不同细胞的途径，多种蛋白质表达中发生的变化显示，类胡萝卜素的关键作用在于转录调节。这可能是因为类胡萝卜素分子之间的相互作用，或其衍生物与转录因子如配体激活的核受体之间的相互作用，或是对转录活性的间接调节作用，如通过细胞氧化-还原作用状态的变化影响氧化-还原敏感性的转录系统，如 AP-1 和抗氧化剂应答元件(ARE)。

1. 对转录的调节

类胡萝卜素与基因调控有一定的关系，它们之间主要的相互作用是连接蛋白和几种类胡萝卜素(主要包括能形成维生素 A 的类胡萝卜素，如β-胡萝卜素，以及不能形成维生素 A 的其他类胡萝卜素，如角黄素)之间的相互作用。

连接蛋白调节细胞间直接的连接通信，它是连接蛋白家族分子中最广泛表达的成员。连接蛋白形成间隙连接的结构单位，穿过邻近的组织细胞，而这些组织又能允许金属离子和一些小分子从一个细胞传递到另一个细胞。类胡萝卜素在调节基因表达方面的另一个作用是不抑制直接活化的基因毒物，但能够抑制代谢活化的基因毒物。

2. 类维生素 A 受体

维甲酸是类维生素 A 配体的亲本化合物。它通过两类核受体，即维甲酸受体(RAR)和类维生素 A 的 X 受体(RXR)在细胞增殖和分化中发挥多重作用。全反式维甲酸只与 RAR 结合,而它的异构体 9-顺式维甲酸结合 RAR 和 RXR。在和 DNA 结合后,RXR/RAR 异二聚体通过配体依赖的方式调节维甲酸靶基因的表达。RXR 也能和其他核激素受体超家族的成员形成异二聚体如甲状腺激素受体、维生素 D 受体、过氧化物酶体增殖物活化受体及其他带有未知配体的孤儿受体。

某些脂肪族直链类胡萝卜素的衍生物可以活化类维生素 A 受体,而不是类胡萝卜素本身。只有当这些衍生物存在于原生质或组织中时,才会凸显其生理学意义。

不仅仅是类维生素 A 受体,其他转录系统也可能成为类胡萝卜素或其衍生物的后续目标。其中包括 AP-1、抗氧化剂应答元件(ARE)、$NF_{\kappa}B$、过氧化物酶体增殖物活化受体和异源受体等孤儿受体。

3. AP-1 转录系统

转录因子 AP-1 是一种调节蛋白复合物,它通过与靶基因上的 AP-1 结合位点结合来调节转录,以此对环境的刺激做出反应。AP-1 是由原癌基因家族成员所编码的蛋白质组成的,这些蛋白质形成同二聚体或异二聚体复合物。AP-1 转录系统能被生长因子、肿瘤启动子所诱导,使其成为类胡萝卜素抗癌活性的目标之一。β-胡萝卜素的分裂产物较强地抑制了 AP-1 的转录活性,番茄红素也能抑制 AP-1 的活性。相反的是,喂食了高剂量 B-胡萝卜素的雪貂暴露在香烟烟雾环境下时会提高其 AP-1 蛋白的表达。这种对 AP-1 转录系统的活化作用,可以部分解释吸烟人群和石棉工人患肺癌的概率很高的原因。

4. 抗氧化剂应答元件

谷胱甘肽-S-转移酶(GST)、NAD(P)H[醌氧化还原酶(NQO_1)]、含硫醇的还原因子、硫氧还蛋白还原酶等Ⅱ期酶的诱导作用,对于动物和人类细胞抵抗各种致癌物质都较为有效。这些酶表达的转录控制至少有部分是通过在它们基因的调节区域发现的抗氧化剂应答元件(ARE)来进行的。

一些类胡萝卜素能够诱导Ⅱ期代谢酶、p-硝基酚-尿苷双磷酸-葡萄糖醛酸基转移酶和 NQO_1。雄鼠用含有不同类胡萝卜素的食物喂养 15 天后,发现是虾青素和角黄素在对这些酶的诱导中表现出活性,而不是黄体素和番茄红素。番茄红素对二甲基苄胺(DMBA)诱导的田鼠颊囊肿瘤有化学预防作用,并且伴随着该肿瘤中被还原的谷胱甘肽(GSH)和谷胱甘肽-S-转移酶水平的上升,都说明番茄红素诱导了 GSH 和Ⅱ期酶谷胱甘肽-S-转移酶水平的上升，通过生成较小毒性和可迅速排泄的产物使致癌物质失活。

5. 异源孤儿核受体与其他孤儿核受体

孤儿受体在结构上与核激素受体相关，但缺少已知的生理配体。被称为异源受体的孤儿核受体族是抵抗外来亲脂化合物（异源物）的防御机制的一部分。这个受体家族包括类固醇和异源受体/孕烷 X 受体（SXR/PXR）和芳基碳水化合物受体（AhR）等。这些受体会对大量的药物、环境污染物、致癌物、食物和内源化合物作出反应并调节细胞色素 p450（CYP）酶、共轭酶，降低其所含转座子的表达水平。

异源孤儿核受体可能成为类胡萝卜素或其衍生物的后续目标。除了前面所说的Ⅱ期异源代谢酶，一些类胡萝卜素还能够诱导 CYP 酶（Ⅰ期解毒途径的成分）。虾青素和角黄素可诱导鼠肝 CYP1A1 和 CYP1A2，β-阿朴-8′-胡萝卜素也具有类似的作用，而 β-胡萝卜素、黄体素和番茄红素却没有表现这方面的活性。在鼠体内检测的几种类胡萝卜素（β-胡萝卜素、胭脂素、番茄红素、黄体素、角黄素和虾青素）中，只有胭脂素、角黄素和虾青素能够诱导肝、肺和肾中的 CYP1A1 活性及肝和肺中的 CYP1A2 活性。

对小鼠使用番茄红素的剂量为 0.001～0.1 g/kg，发现番茄红素是以剂量依赖的方式诱导肝 CYP 型 1A1/2、2B1/2 和 3A。因为观察到极少量的番茄红素血浆水平就可诱导酶活，因此有研究人员认为由类胡萝卜素调节的药物代谢酶可能与人类相似。确实有研究证明人体中 CYP1A2 的活性与微量营养素的血浆水平相关，血浆中黄体素水平与 CYP1A2 活性呈负相关，而番茄红素水平与该酶活性呈正相关。这种相关性是通过异源受体起作用的。

在体外转录系统中检测类胡萝卜素对异源受体系统的直接作用，发现在短暂转染的 HepG2 肝瘤细胞中，β-胡萝卜素可以通过与利福平相似的方式反式激活 PXR 报告基因。而且，在这些细胞中还出现了 CYP3A4 和 CYP3A5 的上调作用，这些结果表明了类胡萝卜素在异源代谢中的潜在作用。

孤儿核受体是一个对健康人和人类疾病都有影响的新调节系统的关键性资源。以上内容说明受体家族中至少有一支异源受体受到类胡萝卜素的作用。因此，其他未知的孤儿受体也很可能与类胡萝卜素的细胞行为有关。

第三节 类胡萝卜素的生产技术分析

一、类胡萝卜素的微生物生产技术

微生物类胡萝卜素的商业生产是一个生物合成过程。对类胡萝卜素生物合成的有效刺激可以提高微生物类胡萝卜素的积累量。在过去多年中，研究发现各种环境和培养刺激因子可以提高微生物单位体积产量和增加具有重要商业价值的微藻、真菌和细菌中的类胡萝卜素积累量。类胡萝卜素生产刺激因素包括光照和温度调节，以及在培养基中添加金属离子、盐、有机溶剂，预生成前体和许多其他的化学物质。

（一）类胡萝卜素的微生物生产概况

微生物积累了各种类胡萝卜素，作为它们对各种环境胁迫反应的一部分。类胡萝卜素也有光猝灭效应，在光防御中起重要作用，这主要体现在微藻中。由于天然类胡萝卜素有诸多效用，因此人们重新对微生物资源产生了兴趣。

过去，类胡萝卜素商业生产是建立在实验室结果之上的，由此进行化学合成生产。比如，高产真菌的β-胡萝卜素生产后来被淘汰了，因为这一过程无法用人工合成取代。然而，在几十年后，由于天然产物开始受到人们关注并被消费者广泛接受，微藻类胡萝卜素资源和来自微生物资源的类胡萝卜素，这些天然类胡萝卜素的生物合成和生产受到越来越多的关注。目前已经有许多种微生物，如藻类、真菌和细菌可进行天然类胡萝卜素的生产，但其中只有很少的部分用于商业生产。

改善类胡萝卜素生物合成的有效性，可增加微生物的类胡萝卜素产量。除了培养条件，类胡萝卜素生物合成还由类胡萝卜素生物合成酶水平和活性，以及整个合成系统的碳通量所决定。因此，通过改变这些酶的活性和水平，用分子技术改变生物合成途径，是可以实现高产的。

（二）类胡萝卜素的环境因子及其控制

为了提高微生物生产天然类胡萝卜素的效率，可以通过在培养基中添加刺激因子，或相应调整外部培养条件加以实现。刺激因子对正常发酵条件下的真菌三孢布拉氏霉、布拉克须霉的β-胡萝卜素产量的提高具有很大的作用。许多其他的培养和环境因子的刺激可使微生物的类胡萝卜素产量大幅提高。以下内容介绍的是不同的微生物内各种类胡萝卜素合成的培养因子,这些刺激因子在不同强度和数量上影响了生物合成酶的活性和水平。

1. 光

白光辐射对藻类、真菌和细菌类胡萝卜素的生产和积累有积极影响,但辐射强度和方法随微生物的不同而不同。除增减辐射时间和强度能否增加类胡萝卜素产量外,光诱导还有以下两个方面的问题:

一方面,类胡萝卜素含量(毫克/升)的提高一般与改善微生物的生长有直接关系。因此,将光照作为类胡萝卜素生产刺激因子以提高类胡萝卜素产量的过程中,光对微生物生长的影响起到了十分重要的作用。

另一方面,细胞中类胡萝卜素积累(毫克/克)与类胡萝卜素生物合成中所含酶的活性有关,生物合成酶的活性是很重要的,白光辐射是酶活性的刺激因子。

(1)微藻。微藻是光自养生物,其生长过程中需要光照以进行光合作用,但光照强度对其类胡萝卜素的积累具有重要影响。

杜氏藻是β-胡萝卜素的主要生产来源,其生长和类胡萝卜素的合成需要高光强度、盐胁迫和营养限制。具备高光强条件时,化学刺激因子对提高杜氏藻类胡萝卜素产量也起着十分重要的作用。杜氏盐藻生长期间,当光强度(以单位面积单位时间光子计)从50 $\mu mol/(m^2 \cdot s)$增加到1250 $\mu mol/(m^2 \cdot s)$,β-胡萝卜素积累增加60%。

高光强刺激类胡萝卜素的产生在累积虾青素的雨生红球藻中同样存在,这种藻的生长需要铁盐。持续的光辐射更有利于虾青素的合成,当光强度增加时,雨生红球藻虾青素浓度有明显的增加。光诱导的类胡萝卜素高产量受活性氧(ROS)影响,因为持续暴露在强光下,最终会导致活性氧分子的生成,活性氧在刺激类胡萝卜素方面起了重要作用。在光胁迫下,ROS可能与在基因和蛋白质水平上发挥功能的复杂调节机制有关。

雨生红球藻细胞在持续培养过程中,对类胡萝卜素生产的刺激作用取决于光照时间的长短,随着光强度的增加,类胡萝卜素积累在几小时内开始增加。虽然此过程中其生长不受到影响,但这种条件下有些细胞开始溶解,细胞分裂速度减慢,导致整体生物量减少。与此同时,通过研究在不同的胁迫环境下,雨生红球藻的生长和虾青素累积情况,对为取得高产量的虾青素而进行氮胁迫和光辐射的方法进行否定,因为藻类需要氮来持续生成蛋白质，以维持生长和虾青素的大量积累。细胞分裂速度减慢会增加单细胞虾青素的积累，这是细胞对强光辐射的一种适应。

生长在含有乙酸钠和铁离子培养基中的雨生红球藻，当光强度不断增加时，番茄红素合成酶和类胡萝卜素羟化酶的活性增加。研究绿藻在光影响下的类胡萝卜素的生物合成调节作用，结果也发现番茄红素合成酶和番茄红素脱氢酶的活性随光强度的增加而增加。

当光强度从 184 $\mu mol/(m^2 \cdot s)$ 增加到 460 $\mu mol/(m^2 \cdot s)$ 时，黄体素的积累提高了 40%。但是，光强度的进一步增加反而会导致黄体素的积累减少。专性光自养型微生物螺旋藻在强辐射下类胡萝卜素的水平会增加。光导致的类胡萝卜素含量的定量增加不会影响类胡萝卜素的质量比。

(2)酵母。酵母细胞生长暴露在弱白光下，红酵母红素(3′,4′-二乙酸-β-φ-胡萝卜素)的产量会增加，而对酵母生长有害的作用可以通过建立适当的人工生长环境来克服。当黏红酵母产生 β-胡萝卜素的突变株处于对数生长期的时候，采用白光照射，导致 β-胡萝卜素含量增加了 58%，这一点从工业的角度来看是十分重要的。

当酵母属的种类采用各种不同的光强进行胁迫培养时，观察到小红酵母可以忍受 5000lx 的光强，而黏红酵母暴露在 1000lx 的光强条件下，其生长出现减弱的趋势。为了研究类胡萝卜素生产中，生物合成酶在小红酵母受辐射情况下所起的作用，采用一种 HMG-CoA 诱导酶的高专一性竞争抑制物进行试验，观察到类胡萝卜素的生产被竞争性地诱导了。要采用抑制物完全抑制类胡萝卜素生产，选择的抑制物的浓度要根据细胞受到的光辐射量来确定。抑制物与竞争性底物浓度间的关系是类似的，与光辐射量无关。

这些结果说明参与 HMG-CoA 合成的酶活性可能不受光的影响。向富含竞争性底物的培养基中添加足够量的甲戊二羟酸，以完全抑制类胡萝卜素生产的光诱导，结果生成的类胡萝卜素数量没有明显变化，与缺乏竞争性底物的情况是一样的。这些结果说明可能有一个或多个光诱导酶，如 HMG-CoA 诱导酶存在于类胡萝卜素遗传途径中，而不是甲戊二羟酸途径中。

对于高产虾青素的红发夫酵母来说，也有试验证明其虾青素的生产具有光的可诱导性。当细胞在黑暗中生长时，虾青素浓度保持不变，但在强光照射下，虾青素是高水平浓度状态。当再将细胞转回至黑暗状态时，虾青素含量又减少了。以中等强度[5～100 $\mu mol/(m^2 \cdot s)$]的光持续辐射，可以得到虾青素最大量的生产。红发夫酵母暴露在白光下，β-胡萝卜素的含量会减少。总之，活性氧(ROS)是光诱导以提高类胡萝卜素产量的活性物。

需氧的野生二态接合菌亚纲种类布鲁毛霉在光照下可持续生长，比在黑暗条件下相同培养基中生长积累的β-胡萝卜素多10倍。生成的β-胡萝卜素含量与接受的光照量成正比关系。类胡萝卜素只在需氧菌中表现出有重要作用，而在厌氧菌中和兼性需氧/厌氧的酵母细胞中却无法检测到。这表明布鲁毛霉类胡萝卜素合成中需要氧气的存在，而小红酵母却不是这种情况。

添加麦角固醇可增加类胡萝卜素的光刺激效应，可能的原因是麦角固醇诱导了细胞膜的变化，这种改变增加了对光的应答效应。在细菌中，光强度对黄杆菌的玉米黄素生产会有影响，当光照增加到1600lx时，类胡萝卜素产量增加很多，在持续的光辐射下，增加的幅度更大。

2. 温度

温度是影响生物生长和发育最重要的环境因素之一，它可以改变许多生物合成途径，包括类胡萝卜素的生物合成。温度控制了类胡萝卜素生产中的酶浓度，而酶浓度的变化最终控制了微生物中的类胡萝卜素水平。对于重要的商业微藻资源，如对嗜盐的绿鞭毛虫杜氏藻和淡水绿藻雨生红球藻来说，温度是它们类胡萝卜素生产的主要物理因素，直接控制了其生长速率，在类胡萝卜素生物合成中起重要的作用。

(1)微藻。当温度从34℃降低到17℃时，杜氏藻细胞中的α-胡萝卜素含量增加7.5倍。温度在24～29℃是最适合的。这一过程中，胡萝卜素是唯一能在较低温度条件下增加的胡萝卜素，这说明α-胡萝卜素生产与温度是呈反对数关系。但是，当1000 μmol/(m^2 · s)的高光辐射通量与低温(19℃)同时作用时，藻中的类胡萝卜素水平受到激发。许多环境因素导致了杜氏藻中β-胡萝卜素含量的不同，这与分裂期受到的光辐射通量有关。在保持恒定的光辐射通量下生长时，每个分裂周期累积的光辐射通量越高，β-胡萝卜素含量就越高，这种分裂周期在低温下就会推迟细胞分裂。因此，巴氏杜氏藻β-胡萝卜素在低温和强光下，表现出光抵制机制。

在藻类诱导期，提高温度不适合细胞的生长，因为光合成中可内源性地生成活性氧衍生物，而相对高的培养温度会促使藻类细胞活性氧的生成，雨生红球藻中活性氧的内源性合成与高温引起的刺激类胡萝卜素的合成有关。持续高温使细胞的类胡萝卜素积累增加了15～20倍，细胞体积增加了3倍。布鲁毛霉在需氧条件下，培养温度增加至40℃时，类胡萝卜素含量也增加了3倍。

(2)酵母。黏红酵母的β-胡萝卜素含量在低温下也很高,而更多的红酵母红素(3′,4′-二乙酸-β,φ-胡萝卜素)是在高温下生成的。γ-胡萝卜素是类胡萝卜素生物合成的分支点,随后的脱氢和脱羧基反应会引发红酵母红素的合成,这一过程取决于温度条件,因为相应的酶在低温下活性比β-胡萝卜素合成酶低。这可能是黏红酵母在低温下β-胡萝卜素含量增加的原因。保持细胞在5℃下培养21天,发现红酵母红素的生产受阻,也导致了β-胡萝卜素的高浓度累积,但这样的条件不适合商业生产。

在低温下,中等嗜冷酵母红发夫酵母类胡萝卜素含量可增加50%,将含有二苯胺和尼古丁的培养基控制在4℃,会引发β-胡萝卜素和虾青素之间的相互转化。

(3)细菌。有关能合成类胡萝卜素的喜温微生物很少有报道。绿丝菌在55℃条件下会生成γ-胡萝卜素和羟基-γ-胡萝卜素。当生长温度增加,可以观察到细胞特征的改变,导致与细胞大小和色素水平有关的吸收有效性的改变。在较高的生长温度(33℃)下,细胞的黄体素积累提高6倍。

低温可诱导单细胞海洋蓝细菌的生理变化,但是类胡萝卜素水平的增加也依赖于用于低温生长的培养基质。低温降低了从环境中摄取营养的速率,因此,一些代谢过程会减慢,如蛋白质合成。类胡萝卜素含量的增加和脂类的不饱和作用被认为是驯化应答,补偿了低温下生物膜功能的降低。

3. 化学物质

许多化学因素在微生物体系中可影响类胡萝卜素的遗传性质,这些化合物包括萜、紫罗兰酮、胺、碱和抗生素等,有研究详细描述了这些物质对类胡萝卜素合成的影响。比如,环化酶抑制物2-(4-氯苯硫)三乙基胺(CP-TA)刺激了番茄红素的积累,并伴随着γ-胡萝卜素的增加。从番茄红素高度累积的细胞培养基中去除CPTA时,β-胡萝卜素开始合成,并伴随着番茄红素和胡萝卜素的减少。

用100 mg/L的CPTA进行处理,这种胁迫导致野生型的β-胡萝卜素增加了75%。将N,N-二乙基丁酰肼加入肉汤培养基(1000 mg/L)中,也会增加番茄红素的积累,而胺浓度也会影响β-胡萝卜素含量。因此,一般说来,当β-胡萝卜素生产受化学抑制物抑制时,微生物中胡萝卜素途径会受到刺激,这是终产物β-胡萝卜素的反馈控制。

同样,化学因子如吡啶、咪唑、甲基庚烯酮等也能刺激三孢布拉氏霉和真菌类型布拉克须霉番茄红素的合成。

八氢番茄红素合成的抑制物藜芦醚对类胡萝卜素遗传机制的刺激作用。藜芦醚的添加(1 g/L)可导致β-胡萝卜素积累的少量增加。为了实现终产物(如番茄红素)合成,在合成B-胡萝卜素的种类三孢布拉氏霉菌中,通过控制添加化学抑制物,如吡啶和咪唑等对番茄红素合成具有刺激作用的化学因子,可提高番茄红素合成。这些化合物通过抑制与环化作用有关的酶,来抑制β-胡萝卜素的合成。

对三孢布拉氏霉菌类胡萝卜素合成的化学调节物做了分类。大部分化学物在结构上与三芽孢酸类似。维生素A、脱落酸、β-紫罗兰酮和α-紫罗兰酮有共同的三甲基环己基环,这些化学物质可以刺激宣菌中类胡萝卜素的合成。一般来说,较短的侧链和酮基环结构对生物活性是很必要的。在真菌类型布拉克须霉中,β-紫罗兰酮和维生素A(150 μg/mL)可增加类胡萝卜素的生成。维生素A有可能向β-胡萝卜素直接转化,瑞丁醛和视黄醇的供给对鲁氏毛霉类胡萝卜素生产没有影响。

将抗生素如青霉素(1 mg/L)添加到三孢布拉氏霉菌的培养基中,对类胡萝卜素的合成有积极影响,青霉素在异戊二烯生物合成途径的早期起到刺激作用,因为甲羟戊二酸途径激酶活性在青霉素存在时是原来的2倍。氯霉素对海洋红酵母的类胡萝卜素合成也有积极的作用。

4. 金属离子与盐

金属离子对微生物生长各个方面的影响比较大,钾和镁是微生物细胞中的大量元素,而钠、钙、锌等都是微生物生长必需的金属离子。对这些存在于微生物中的阳离子所起的生物作用进行研究有一定难度,主要是因为它们与运载配体的作用十分微弱。

(1)微藻。当雨生红球藻在含有铁盐的培养基中培养时,虾青素产量得到了一定程度的提高。铁盐诱导的虾青素高度积累是由于羟自由基的生成,通过芬顿反应($H_2O_2+Fe^{2+}\rightarrow Fe^{3+}+HO^-+HO^\cdot$),羟自由基刺激了细胞类胡萝卜素的合成。

铁离子无法诱导类胡萝卜素进行高水平的积累。在藻类生长中,将铁离子作为刺激因子,是一种用来降低高光辐射通量成本的方法。绿球藻在无机盐存在时,也表现出积累类胡萝卜素的趋势。

(2)酵母。红色酵母可以耐受金属离子,包括铜、钴、钙和钡,许多二价阳离子是深红酵母生长的刺激因子。一旦向生长基质中添加了铜、锌和铁离子,深红酵母在此胁迫情况下,其类胡萝卜素产量会明显地增加。钙、锌和铁盐可刺激黏红酵母类胡萝卜素的生产含量(mg/L)和细胞的积累。

这种积极应答是由于阳离子对类胡萝卜素合成酶的刺激作用引起的，也与培养基中生成活性氧自由基有关。相比之下，在可以促使生成氧自由基的化合物存在情况下加入锰盐，对红发夫酵母的类胡萝卜素合成有抑制作用，因此锰也被认为是类胡萝卜素生物合成酶的协调因子，一定浓度的锰可以将类胡萝卜素积累提高到一个特殊的水平。向培养基中提供其他重金属离子，包括镧、铈、钕等，会影响红发夫酵母生长，并对类胡萝卜素合成有刺激作用。

5. 三羧酸循环中间物

三羧酸(TCA)循环的中间产物在需氧条件下的代谢反应对形成类胡萝卜素碳骨架和微生物体内脂类的生物合成都起到十分重要的作用。起初，柠檬酸和苹果酸被认为是球红假单胞菌、三孢霉、意大利青霉、金黄色葡萄球菌、法夫酵母这些种类中与刺激类胡萝卜素合成有关的主要因素。在后期，基质中柠檬酸的供应在 28 mmol/L 或更高的水平可增加细胞中类胡萝卜素浓度，但是这种增加伴随着蛋白质合成的减少，这表明蛋白质合成的限制在类胡萝卜素合成中起到重要的作用。

相比之下，当培养基中碳源浓度在 10 g/L 时，TCA 中间物抑制了细胞类胡萝卜素的积累，但促进了细胞生长。这是因为 TCA 中间物生成的蛋白质减少了类胡萝卜素积累。但是，由于许多 TCA 中间物的存在，类胡萝卜素的生产量(μg/L)提高了 2 倍。

苹果酸对意大利青霉和胶质红假单胞菌细胞内类胡萝卜素的积累有积极影响。柠檬酸循环中间物的刺激作用与 pH 直接相关，但这并不一定适合所有微生物。将琥珀酸加入以葡萄糖为主的掷孢酵母生长基质中是酵母喜好的，可进行 β-胡萝卜素生产。加入 2 g/L 的苹果酸、柠檬酸和 α-酮戊二酸、延胡索酸或草酸可提高放线菌的类胡萝卜素合成。刺激程度有赖于柠檬酸循环中间物加入培养基的时间。放线菌对这些有机酸的应答反应使 β-胡萝卜素含量增加和 r・胡萝卜素减少，并伴随有番茄红素的完全消失，这说明番茄红素环化生成 β-胡萝卜素作用的增强。

柠檬酸循环中间物提供的浓度为 10 mmol/L 时，可加快细胞的生长和玉米黄素的生产。配合草酸的添加可以达到最大的刺激效果。TCA 中间物起到积极作用，是因为草酸被脱羧生成丙酮酸，继而增加了乙酰 CoA，这是异戊二烯生成的起始物质。

6. 有机溶剂

将溶剂，如乙醇、甲醇和乙二醇加入培养基中，会刺激微生物类胡萝卜素的合成。乙醇(2%,体积分数)可以刺激黏红酵母β-胡萝卜素的合成,但红酵母红素合成受到抑制。乙醇(3.6%)作为培养基中的唯一碳源和能量物质时,这种培养基适合黏红酵母生长和β-胡萝卜素的合成。乙醇的间接抑制伴随着β-胡萝卜素含量的增加,说明这有利于代谢途径中环的闭合。

在法夫酵母培养基中加入乙醇(0.2%,体积分数)可增加类胡萝卜素合成。在HMG-CoA诱导酶的诱导下,乙醇活化了氧化代谢,这样可提高类胡萝卜素生产量。Hoshino等分离出了编码参与类胡萝卜素生物合成途径的酶的DNA序列,这些酶包括HMG-CoA合成酶和诱导酶。由这种DNA序列转化的法夫酵母可以产生大量的类胡萝卜素。

化学合成技术的发展是适应类胡萝卜素的市场高需求量的结果,但化学过程生成的一些产物并不都是消费者所需要的。因此,利用微生物生产人们需要的天然类胡萝卜素已成为深入研究的重点。微生物生产β-胡萝卜素和虾青素需要有专门和完善的技术。用微生物生产类胡萝卜素有越来越大的市场和产业潜力。但是,商业上可用的其他类胡萝卜素微生物的合成,如黄体素、玉米黄素和番茄红素目前还不成熟,需要更深入的研究。

现代技术,如重组DNA的应用、一些参与类胡萝卜素生物合成的重要基因的分离,是今后发展的重点。现代技术实际应用需要的高投入是通过发酵来扩大类胡萝卜素生产的主要限制因素,但可以通过产业规模来改善发酵方法,如微生物细胞内类胡萝卜素积累。如培养刺激因子,对类胡萝卜素进行商业规模化生产具有积极意义。而且,各种刺激因子的优化组合将会使利用微生物的类胡萝卜素生产变得更有效、更经济。

(三)类胡萝卜素生物合成途径的分子培育

要提高已知类胡萝卜素重组体的产量和合成全新的结构,一种方法是通过结合现有的生物合成基因,利用随机的突变、重组(DNA改组)和选择来演化新的酶功能以培育新的合成途径。如利用八氢番茄红素脱氢酶(crtI)和番茄红素环化酶(crtY)的体外演化在大肠埃希菌中合成新的类胡萝卜素。两种酶被放在环状和非环状类胡萝卜素生物合成途径的重要分支点上。改变crtI和crtY的底物特异性及与别的末端基团修饰酶组合,这些措施可以产生大量的类胡萝卜素生物合成分支途径,从而合成许多新的类胡萝卜素。

从欧文氏菌属物种现有的类胡萝卜素生物合成途径中获得基因,对其进行 DNA 改组，在大肠埃希菌中可以产生新的环状类胡萝卜素和非环状类胡萝卜素。另外，一些途径已经被证明可以积累不同比例和数量的环状类胡萝卜素和非环状类胡萝卜素，这表明这种方法能被用于合成中间产物和优化类胡萝卜素生物合成。

（四）转基因微生物

用 DNA 重组技术修饰代谢途径，使得用缺乏类胡萝卜素途径的微生物生产类胡萝卜素成为可能。许多微生物种类，如产朊假丝酵母菌、大肠埃希菌、酵母菌和运动发酵单胞菌被用于研究和开发进行类胡萝卜素的生产。很多微生物的类胡萝卜素生产技术已申请了专利。

通过考察来自修饰后的大肠埃希菌的番茄红素生产条件，我们发现实际生产存在许多现实的障碍，如缺少足够的前体和有限的类胡萝卜素保存能力，这些阻碍了微生物进行类胡萝卜素商业生产的进程。为此，以下提出了一些相应的解决方法。

类胡萝卜素基因克隆的重大进展为实现在微生物和植物中改善类胡萝卜素的生物合成路径提供了可能性。最近几年的研究主要是通过不同的分子生物学的方法及采用类胡萝卜素生物合成的基因工程来提高微生物和农作物中的类胡萝卜素产量。人体维生素 A 普遍缺乏的现象对人工操作提高可食用植物中 β-胡萝卜素含量具有促进作用。在转基因植物中，成熟种子的 β-胡萝卜素大幅增加，生产出富含 β-胡萝卜素的植物油，这一重大进展是在植物中操纵类胡萝卜素生物合成和其他新陈代谢途径的里程碑，但依然有以下三个基本的问题需要解决：

第一，前体物质以现有的途径被消耗。

第二，设计好的调节途径可能被干预。

第三，当生成类胡萝卜素这样的高亲脂性化合物时，必须采取措施确保产物的储存。

因此，提高类胡萝卜素含量应该集中在增加前体供应上，用以平衡通过相互作用的代谢途径对前体的需求。

大肠埃希菌是异源类胡萝卜素产物的适宜宿主。来自细菌、真菌和高等植物的类胡萝卜素基因多数都能在大肠埃希菌中获得表达，并且具有不同抗生素耐受标记的质粒都可以同时导入大肠埃希菌，进行类胡萝卜素的合成。前体物的供应也能通过 5-磷酸脱氧木酮糖的代谢途径进行，此途径能够提供类胡萝卜素生物合成所需要的异戊烯基焦磷酸，1-羟基-D-木酮糖-5-焦磷酸酶、1-羟基-D-木酮糖-5-焦磷酸还原异构酶和异戊烯基焦磷酸异构酶的基因通过细胞转化和高效表达,可使类胡萝卜素合成效率提高3.5倍,达到每克干物质中含有1.5 mg产物。虾青素通过不同的修饰方法在大肠埃希菌中也获得了表达,含量也达到与上述类似的浓度。进一步增加前体供应具有致死作用,表明类胡萝卜素的储存量已经达到最高限度。

来自不同生物的基因组合可产生不同的分支途径,这样可以获得新的化合物,但是这种方式只有在酶不需要识别整个底物分子,而只需要识别适合转换的某一部分分子区域的时候才能起作用。采用这种合成方法能够得到大量新的类胡萝卜素结构,包括1-羟基无环结构,同时还有13个共轭双键,其抗氧化性能优于其他相关的类胡萝卜素。

另一种获得合成新类胡萝卜素基因的方法是通过分子培育的方式,修改基因使之适应经过修饰的底物。来自两类欧文菌的八氢番茄红素脱饱和酶基因经过随机组合,得到新的重组基因,可编码一种酶,这种酶引入六个双键,而原来的只有四个。另外,通过改变几个氨基酸可以得到番茄红素环化酶,该酶可将3,4-双脱氢番茄红素转换成相应的单环结构。

一种缺乏类胡萝卜素合成途径的假丝酵母通常被用来作为番茄红素、β-胡萝卜素和虾青素等的受体。外源细菌类胡萝卜素生物合成的基因在宿主固有的启动子控制下获得表达。通过甲羟戊酸途径的代谢工程增加萜类化合物前体,同时通过竞争性固醇途径降低异戊烯基焦磷酸,可以进一步加快类胡萝卜素的形成。这种工程菌株的番茄红素产量为每克干重7.8 mg。

(五)微生物类胡萝卜素生产的代谢构建

大多数的crt基因和基因簇已经在遗传学上易于操作的非胡萝卜素生成宿主——大肠埃希菌中获得了克隆和表达;但是,大肠埃希菌只能有限地供应一般的类异戊二烯前体如IPP、DMAPP和GGPP,这些前体都是类胡萝卜素生物合成必需的。因此,重组大肠埃希菌中的类胡萝卜素生产水平[10～500 μg/g,以干细胞质量计]就比那些经济适用的产胡萝卜素的微生物菌株要低,这些菌株的产量水平可以高至50 mg/g(以干重计)。

增加大肠埃希菌中类异戊二烯中心通量的工作主要是增加IPP产量和从IPP到GGPP的产量。催化从IPP到DMAPP异构化反应的IPP异构酶(IDI)和一种能直接转化IPP和DMAPP为GGPP的古细菌的多功能性GGPP合成酶(GPS),两者的过表达会使虾青素产量增加50倍。

IPP合成中1-羟基-D-木酮糖-5-磷酸合成酶(dxps)和idi的过度表达可

以使β-胡萝卜素和玉米黄质在大肠埃希菌中的生产水平达到约 1500 μg/g(以干重计)。通过 IDI、DXPS 和 1-羟基-D-木酮糖 5-磷酸还原异物酶(DXR)的共表达,更大地提高了 IPP 合成对大肠埃希菌的毒害作用,这可能是细胞膜过量运载类胡萝卜素的缘故。因此,在类胡萝卜素储存能力没有进一步增加的前提下,研究者可能已经实现了大肠埃希菌中类胡萝卜素的最大生产水平。

酵母能积累大量的类异戊二烯衍生的麦角固醇。麦角固醇的生物合成已经被成功地转化为在非胡萝卜素生成的酿酒酵母和产朊假丝酵母菌中生产类胡萝卜素的途径。3-羟基-3-甲基戊二酰辅酶 A 还原酶的过量表达以及通过破坏编码三十碳六烯合成酶的 ERG9 基因来阻断麦角固醇的合成,这两项措施可以产生一种大量生产番茄红素的假丝酵母菌株(7.8 mg/g,以干重计),该菌株具有非常大的商业潜力。

转基因植物也已经成功地被构建以用来合成类胡萝卜素。

二、类胡萝卜素的高等植物生产技术

有两种提高植物类胡萝卜素含量的有效方法,即常规的植物培育/差异的多样性与基因工程(常为代谢物工程或基因操作)。目前可以采用以下不同的方法改变植物中的类胡萝卜素成分,增加其营养价值:

第一,通过改变植物中类胡萝卜素的合成途径,生成需要的类胡萝卜素产物。

第二,提高作物中原有的类胡萝卜素含量。

第三,在完全不存在类胡萝卜素途径的组织(如大米胚乳)中,建立一个类胡萝卜素的合成途径。

(一)常规植物培育

过去的多年里,现代植物培育成功地增加了各种作物的产量,并改善了作物对生物胁迫和非生物胁迫的适应性。但是,对于一些能促进人体健康的化合物,如类胡萝卜素产量提高的培育方法却被忽略。近年来,这方面开始受到人们的重视,并取得了相应的进展。

以番茄为例,已研究了番茄红素基因型的相关多样性对类胡萝卜素含量的作用。9 个含番茄红素基因的种类中有 6 个是含类胡萝卜素和叶绿素的绿色果实,这与在叶组织内发现的类似。普通番茄和醋栗番茄生成的成熟果实不含叶绿素，但分别含有番茄红素和β-胡萝卜素。培育出的番茄，其类胡萝卜素特征大大不同，其中许多具有较高的营养价值。胡椒（辣椒属）的多样性同样也表现在类胡萝卜素的特征上。

（二）高等植物中类胡萝卜素合成的基因工程

比起常规培育方法，基因工程的优势在于以快而准的方法转移基因和获得表达产物。目的基因不仅能在同一个种类中进行转移，现代重组技术还可将各种不相关的植物和微生物的基因导入作物中获得目的产物，这就是转基因植物。目前，转基因作物的主要问题在于其安全性还没有明确定论。

就类胡萝卜素而言，进行植物转化前首先要确定类胡萝卜素在目的作物或目的组织中的特征和含量，并将其与所需的类胡萝卜素量作比较。根据平均膳食的消费量来选择所需的基因工程技术方法。比如，如果需要大部分终产物为类胡萝卜素，那么针对增大途径通量的方法是合理的（如定量的途径工程）。人工操作的基本目的是扩增限速酶或具有高通量控制协同作用的酶。在目的组织中（如定性工程），有望改变类胡萝卜素的组分或创造一个新的类胡萝卜素途径。另一种方法是多效性工程，在这方面，用基因操作可以改变类胡萝卜素的含量或类胡萝卜素合成交叉网络的生物合成。

代谢物/前体源的大小、酶活性及定位、基因表达特征、类胡萝卜素的分解、异戊二烯途径的相互作用和调节机制都可以影响基因操作途径中所需的基因和启动子的选择与组合。类胡萝卜素生物合成的基因现已从细菌、真菌、藻类及高等植物中分离出来，并已经被确定。许多编码视黄醇（维生素 A）的基因已从动物体内分离，但只有一种与类胡萝卜素降解有关的基因，即原纤维基因已被分离出来，而影响类胡萝卜素合成的调节基因尚未从植物中得到分离。对生物合成基因或具有多型同源性但不同功能 cDNA 的广泛选择有利于阻碍基因作用，如互抑作用（感觉抑制/基因沉默）。针对叶绿体使用细菌或真菌基因可以创造一个嵌合基因，它含有连接在转基因与末端上的主导序列。

自第一个转基因植物获得成功以来，已经有许多关于转基因植物的研究报道。转基因研究重要的是要确保体系基因的多样性不被破坏，并创造稳定的环境使之能够得到有效的控制和应用。相关的分子生物学、生物化学及营养学上的理论必须加强，建立的方法不仅要有助于植物繁殖，还应该更深入、合理地设计代谢工程路径和方法。

（三）遗传方法生产技术的实例

欲改变类胡萝卜素在作物中的含量，应考虑其所需的前体。以下内容提供了已参与代谢工程的主要作物的例子，结合所遇到的一些困难及其可能的解决途径来阐明这些方法。

1. 番茄

通过缩合两分子乙酸焦磷酸盐来合成八氢番茄红素是类胡萝卜素生物合成的第一步，番茄红素在成熟番茄里累积的过程中，八氢番茄红素合成酶起着重要作用，因此这种酶是番茄中类胡萝卜素成分基因控制的主要目标。番茄中，八氢番茄红素合成酶呈高水平表达，并在种皮、子叶、胚轴中富积，但是赤霉酸和脱落酸的改变会使其水平降低，在这种情况下由于在两种合成路径中的竞争，赤霉素含量下降。这表明当稳定的代谢遭到破坏时，将会增加很多困难。八氢番茄红素合成酶表达的增加会减少该步骤对途径通量的影响。这说明内源途径可以补偿前体/产物的平衡波动，并在途径中对平衡进行重新分配。

番茄果实成熟期间，有大量的类胡萝卜素积累，番茄红素占类胡萝卜素总量的90%。番茄红素的积累来源于番茄红素环化作用的下降和催熟果实中八氢番茄红素合成酶（Psy-1）表达的上升。八氢番茄红素合成酶在合成途径中涉及的诸多酶中，表现出高通量控制途径中酶的协同作用，这表明八氢番茄红素合成酶对途径的通量有最大的控制力。相应地，就有了以增加果实中番茄红素和β-胡萝卜素含量为目的的扩增目标酶的研究。

最早进行的转基因（Psy-1）番茄的研究表明，转入的基因存在多重效应，具体如下：

（1）大部分植物呈现矮化的表现型。矮化株与Psy-1表达的增加、类胡萝卜素和脱落酸（ABA）含量的升高、赤霉素（GA）水平的降低有关。类胡萝卜素和GA前体GGPP进行代谢竞争，当合成类胡萝卜素时，会抑制生成GA，发育成矮化株。这些化合物间的平衡在果实发育期是必要的。

（2）植物组织中表现出较强的色素沉着与类胡萝卜素的低含量相关，如在种子与根中。在矮化转化株中发现番茄红素成熟前体在发育果实中积累、成熟果实中类胡萝卜素含量渐减甚至是缺少的现象，这与Psy-1反义植物相似。很明显，用内源Psy-1基因与构建的启动连接会导致内源Psy-1的基因沉默（互抑作用）。从代谢工程的角度看，如果一个特殊代谢物减少了，则基因沉默既是一个如Psy-1系列所示的问题，也是一个挑战。

为了克服 Psy-1 表达中所遇到的有害效应，在后来的实验中应用了组织专一性启动子及非同源八氢番茄红素合成酶基因。番茄聚半乳糖醛酸苷酶(PG)启动子以果实成熟的特殊方法，在欧文菌中表达细菌八氢番茄红素合成酶(crtB)。这种方法避免了在果实发育过程中合成 GGPP 水平干扰造成的影响。因为在成熟果实中的 GGPP 比在绿色组织中的 GGPP 要多，但它不再合成 GA。用功能上相同，但在核苷酸水平上具有较低同源性(仅33%的相同率)的细菌基因可以阻止基因沉默。另一种可行的方法是用化学方法改变番茄 Psy-1 基因的第三个密码子，以建立一个同源性小于 60%的合成型基因。

成熟的番茄果实中，积累的番茄红素为环化的 β-胡萝卜素提供了丰富的前体来源。在番茄的八氢番茄红素脱氢酶(Pds)的启动子控制下，能够表达拟南芥番茄红素 β-环化酶(β-Lcy)的转基因番茄已经诞生，这种番茄橙色的成熟果实中 β-胡萝卜素含量增加 5 倍，而其他类胡萝卜素在这些果实和叶肉组织中没有明显变化，并且内源性类胡萝卜素基因表达或基因沉默的情况没有大的改变。相比之下，成熟果实中，内源番茄 β-Lcy 在 Pds 启动子的控制下，转化株 β-Lcy 表达下调 50%以上。果实中番茄红素的含量有少量增加，而叶中的类胡萝卜素没有变化。

成熟番茄果实作为天然类胡萝卜素的丰富来源，其缺点在于缺少如黄体素或玉米黄素这类叶黄素。用来自植物和细菌编码羟基化酶的 cDNA 可以尝试将 β-胡萝卜素转化为玉米黄素。尽管有了活性羟基化酶的产物，它仍不能生成玉米黄素。

近来，有研究者在番茄 Pds 启动子的控制下，通过共转化拟南芥 β-Lcy 和辣椒 β-胡萝卜素羟基化酶基因，成功合成了玉米黄素。这些转基因的成熟果实含有玉米黄素和 β-玉米黄质。

综上所述，为获得所需的产物，前体源必须有利于随后的代谢。

2. 水稻

转基因水稻胚乳中缺少维生素 A 前体和其他类胡萝卜素，但却发现涉及了某些类胡萝卜素合成途径基因的表达。生化分析表明，GGPP 是在胚乳中合成的。因此，为使 GGPP 代谢生成 β-胡萝卜素，三种生物的类胡萝卜素合成基因 cDNA 通过两个载体被共转化入水稻。

其中，黄水仙八氢番茄红素合成酶 cDNA 和番茄红素 β-环化酶 cDNA 在胚乳特异控制下(谷氨酸启动子)定位，而 E. uredovora 八氢番茄红素脱氢酶基因(crtI)在组合启动子(CaMV35S)控制下被定位。这种转化株的胚乳含有不同含量的黄体素、玉米黄素、α-胡萝卜素和β-胡萝卜素。

同时观察到只有在crtI和Psy存在时，才能生成β-胡萝卜素和叶黄素，这与在番茄中发现的情况相同，推测这是由负责番茄红素环化酶的基因引起的。这种新的转基因水稻弥补了转基因水稻的缺陷，产生了轰动一时的“金色水稻”，是类胡萝卜素转基因及生物工程研究的一个里程碑。

谷物中缺乏类胡萝卜素，而大米胚乳中环状类胡萝卜素至少由四种不同的催化因素所决定，分别是由八氢番茄红素合成酶、八氢番茄红素脱氢酶、ξ-胡萝卜素脱饱和酶和番茄红素环化酶共同催化。

将携带一个植物八氢番茄红素合成酶基因和一个细菌型八氢番茄红素脱氢酶基因的载体转入，以便共同调节乙酸焦磷酸盐合成番茄红素，两者的可读框被转化序列延长。一种由特殊胚乳谷蛋白所控制，另一种由花椰菜组成的病毒35S促进物所控制，结果发现积累的类胡萝卜素是叶黄素、玉米黄质、α-胡萝卜素和β-胡萝卜素，而不是番茄红素。很明显番茄红素β-环化酶、β-羟化酶和ε-羟化酶在转化株中被诱导或表达。

3. 马铃薯

马铃薯中类胡萝卜素的基本含量比大部分果蔬低。马铃薯含有的类胡萝卜素主要是叶黄素，如黄体素和堇菜黄质。产类胡萝卜素的转基因马铃薯已经培育成功，其玉米黄素提高了5～130倍，类胡萝卜素的总量也有所增加。要提高马铃薯类胡萝卜素含量，首先要注意选择类胡萝卜素高产量的基因型。内源玉米黄素环氧化cDNA在专一启动子的控制下，可抑制玉米黄素向堇菜黄质的转化，这样可使玉米黄素发生高度积累。

4. 芸薹

野生型成熟的芸薹类胡萝卜素含量不高，只是在胚胎中含有比较低水平的黄体素。用草生欧文菌八氢番茄红素合成酶单基因crtB转化芸薹，在芸薹属种子特异启动子控制下，生成的类胡萝卜素增加了50倍，叶绿素和维生素E水平降低，同时脂肪酸酯复合物和细胞超微结构被改变。这个转基因胚胎呈橙色，主要含有α-胡萝卜素和β-胡萝卜素，其中也含有八氢番茄红素。有同源系列产生，并且将表现型稳定地传给T4代。

5. 油菜

通过基因工程手段，增加油菜种子类胡萝卜素含量是类胡萝卜素基因工程方面的一项重大成果。细菌型八氢番茄红素合成酶基因的表达是通过延长叶绿体序列得到的，这使成熟的油菜种子中类胡萝卜素含量增加了50倍。在转化株中胚是亮橙色的，而在控制过程中胚是绿色的。

在转基因种子中，类胡萝卜素浓缩物（主要是α-胡萝卜素和β-胡萝卜素）的累积量超过1 mg/g（以鲜重计）（干物质的值是几种高含量物质的折合），每克类胡萝卜素对应2 mg油。

6. 模式植物系统

在进行类胡萝卜素合成途径的人工操作时，经常需要阐明和描述基因转入后对一个或多个合成步骤所产生的影响，因此建立一个有效的、可依赖的和可供示范的模式体系是十分必要的。拟南芥和烟草是目前认定的类胡萝卜素转基因植物的模式系统。

模式体系与相应的载体匹配用于植物中生成有用的蛋白质，这种方式在改变类胡萝卜素含量中也显示出优势。将含有辣椒黄素/辣椒红素合成酶（ccs）的载体转染烟草属叶片，生成的类胡萝卜素总量中，有36%是辣椒黄素。因此，这种载体可用于转化其他植物来获得所需要的辣椒黄素，以满足可食用营养补充的需求。

虽然拟南芥和烟草也有明显的色素组织，但它们仍是常规的模式体系。有许多特点和例子证明了这两种植物作为模式体系的优势，从两者体系得到的工程产物及其相应的分子元件可以推广到其他作物中。就草生欧文菌八氢番茄红素脱氢酶（crtI）而言，β-胡萝卜素和其代谢物在烟草中呈现高水平表达。从表达β-胡萝卜素羟基化酶、八氢番茄红素合成酶和脱氢酶的转基因模式体系中可得到重要的数据，并且可将这些数据与其他类胡萝卜素转基因植物，尤其是番茄和水稻很好地联系起来。

第四节　天然类胡萝卜素的生物合成进展

类胡萝卜素因具有抗氧化和抗肿瘤等特性，已被广泛应用于医药保健、食品和化妆品生产等行业，其主要来源为微藻和高等植物及微生物和部分动物等。由于每种藻类或植物富含的类胡萝卜素种类存在很大差异，故需要从不同藻类或植物中使用不同的提取方法来分离得到各种类胡萝卜素。微藻中分离提取的虾青素和β-胡萝卜素均已实现商业化生产。近年来，人类对类胡萝卜素的需求量显著增加。

经济的发展使人类生活水平不断提高，人们更注重营养保健，对类胡萝卜素的需求量不断增加。同时，相对于化学合成的类胡萝卜素，天然合成类胡萝卜素更受人青睐。但是，由于藻类和植物中类胡萝卜素的含量较低，即使提取技术的不断发展也无法满足人类对天然类胡萝卜素日益增长的需求。合成生物学技术的不断发展,极大地推动了类胡萝卜素和脱辅基类胡萝卜素等产品在微生物底盘细胞中的合成。类胡萝卜素的强疏水性化学性质使其很容易镶嵌在磷脂双分子层生物膜上,这给底盘细胞造成很大压力,在一定程度上也限制了可合成类胡萝卜素的底盘细胞选择空间。随着对类胡萝卜素合成途径的进一步解析,合成途径中催化反应的大部分酶和调控基因已经被鉴定,一方面为合成类胡萝卜素细胞工厂的构建提供理论背景;另一方面也为其在工业、医学、美妆和食品等领域的广泛应用提供了科学依据。

一、类胡萝卜素的生物合成

人们对植物体中类胡萝卜素的合成途径研究最早。近年来,科学家对于微生物和藻类中的合成途径进行深入解析后发现,不同生物的合成途径存在差异,获得的类胡萝卜素种类和产量也不尽相同。类胡萝卜素合成途径所需的酶在植物和微生物中有所不同,在植物中的分工更细。例如,催化八氢番茄红素合成和番茄红素环化的酶,在植物中由两个酶分别负责,而在酵母和霉菌中仅由一个酶完成。虽然微藻在分类学上被列为低等植物,但其兼具高等植物和微生物的特性,能合成的类胡萝卜素种类较多。其既可合成高等植物中所特有的α-胡萝卜素和叶黄素,又能合成微生物中普遍存在的角黄素和虾青素,故微藻在用作类胡萝卜素合成底盘细胞改造方面具有独特的优势。类胡萝卜素合成途径的解析,为其合成细胞工厂的构建提供了理论依据,其合成始于前体物质牻牛儿基牻牛儿基焦磷酸(GGPP)。下面将以高等植物为例,简述类胡萝卜素的合成过程。

(一)GGPP 的生物合成途径

GGPP 的生物合成是类胡萝卜素合成过程中的重要步骤,其合成过程可以简单分成两大步,即前体物质异戊二烯焦磷酸(IPP)和二甲基丙烯焦磷酸(DMAPP)的合成;由前体物质 IPP 和 DMAPP 合成 GGPP。根据所发生场所的不同,IPP 的合成途径又分为甲羟戊酸(MVA)途径和甲基赤藓糖醇(MEP)途径,合成过程都是被区室化的。其中,MVA 途径主要存在于大多数的哺乳动物和酵母细胞质基质和内质网上,起始物质是乙酰辅酶 A;MEP 途径一般存在于高等植物、部分细菌和藻类细胞原生质体中,起始物质是3-磷酸甘油醛(GA-3-P)和丙酮酸。在生成IPP和DMAPP后,MVA和MEP的催化步骤基本相同。

(二)从GGPP到胡萝卜素类合成

从GGPP起始,参与合成各种胡萝卜素的酶包括氧化还原酶类(EC1)的PDS(phytoene de saturase)和ZDS(ξ-carotene desaturase)、转移酶类(EC2)的PSY(phytoene synthase)及异构酶类(EC5)的LCYe(lycopene ε-cyclase)和LCYh(lycopene β-cyclase)等。

从GGPP到胡萝卜素类合成的过程为:

首先,GGPP在PSY催化作用下,合成八氢番茄红素,其他各种类胡萝卜素都是在此基础上经进一步的脱氢和环化生成。PSY是该途径的关键限速酶,其在细菌和真核生物中的编码基因分别是CrtB和PSY,改变它的表达量或活性可以调节代谢途径通量。例如,在油菜籽和马铃薯衍生愈伤组织中,过表达组成型PSY可增加细胞中总类胡萝卜素含量,β-胡萝卜素的合成也显著增加。由于PSY在多数植物中为单拷贝基因,故其是用基因工程技术改良植物类胡萝卜素含量的理想靶标。

其次,八氢番茄红素在PDS催化作用下生成ξ-胡萝卜素,ξ-胡萝卜素在ZDS的催化作用下生成番茄红素。白光照可以抑制葡萄柚愈伤组织中CpPDS和CpZDS的表达,从而减少其番茄红素的合成。拟南芥中类胡萝卜素合成途径的AtPDS3基因发生突变后,AtPSY和AtZDS等基因的表达水平会显著降低,其类胡萝卜素合成受阻,叶绿素和赤霉素的合成途径也受到抑制。

番茄红素在不同的酶催化下可以生成不同的胡萝卜素:在CrtE的催化作用下可环化生成δ-胡萝卜素,再进一步生成ε-胡萝卜素;在CrtY催化作用下可生成γ-胡萝卜素,并进一步生成β-胡萝卜素。同时,CrtB还可催化δ-胡萝卜素生成α-胡萝卜素。由GGPP起始合成的胡萝卜素种类非常丰富,是天然类胡萝卜素合成途径的重要组成部分,对于该途径的深入解析将为类胡萝卜素生物合成途径的设计、改造和应用提供理论依据。

(三)从胡萝卜素类到叶黄素类的合成

从胡萝卜素类合成叶黄素类色素的代谢途径需要5种氧化还原酶类参与,包括LUT1(carotenoid ε-hyclroxylase)、CrtZ(β-carotene 3-hydroxylase)、LUT5(β-ring hydroxylase)、ZEP(zeaxanthin epoxidase)和VDE(violaxanthin deepoxidase)。β-胡萝卜素在经过连续的羟基化反应后,先生成

β-隐黄质，后转化为玉米黄质。其中，由玉米黄质脱环化生成花药黄质，再进一步反应生成堇菜黄质的过程是可逆的；催化正向两步反应（环化反应）的酶都是 ZEP，反应在弱光或黑暗条件下进行。在拟南芥中，该酶的编码基因是 AtABA1；催化逆向两步反应（脱环化反应）的酶均是 ZEP，反应在强光条件下进行；在拟南芥中该酶的编码基因为 AtNPQ1，整个循环过程被称作叶黄素循环（luteincycle）。目前，参与各个反应步骤的催化酶都已得到解析，尤其是在高等植物拟南芥中。胡萝卜素类到叶黄素类的合成途径研究，可用于定向进化或逆境胁迫等方法合成特定种类的类胡萝卜素。

二、类胡萝卜素合成细胞工厂的构建及合成生物学策略

类胡萝卜素的生物合成路径可以分为上游路径和下游路径，以最基本的 IPP/DMAPP 为节点。上游路径是 IPP 和 DMAPP 的合成，有 MEP 和 MVA 两种途径；下游路径则是以 IPP 和 DMAPP 为起点，通过多步反应和修饰，最终合成多种类胡萝卜素及其衍生物。

构建类胡萝卜素合成细胞工厂是一个复杂的过程，涉及多模块的组装和适配等诸多问题。这不仅需要根据目标产品选择合适的催化元件；有时，为了解除代谢中间体的反馈抑制效应，还需要增强 NADPH 和 ATP 的合成以及增加 GGPP 前体供给或引入异源 MVA 路径等。类胡萝卜素合成途径所需的催化元件，包括催化途径化学反应的各种酶，如合成酶、脱氢酶、环化酶、羟化酶和酮化酶等。为了提高类胡萝卜素的产量，需要在底盘细胞中最大限度地增加从底物到目标产物的代谢通量，同时尽量减少非必需副产物或代谢中间体的产生。因此，需选择最优底盘细胞和催化元件，并从催化特性、表达水平、底盘适应性等多个维度进行组合适配。

（一）类胡萝卜素合成底盘细胞的选择和改造

合成生物学技术的不断发展，极大地推动了大肠埃希菌、酿酒酵母和解脂耶氏酵母等底盘细胞高效合成类胡萝卜素及其衍生物。大多数类胡萝卜素都具有强疏水性，故大量的类胡萝卜素在细胞内合成后，会损伤细胞膜结构并危害细胞的正常生理功能。此外，微生物底盘细胞中有限的膜结构，也在一定程度上限制了类胡萝卜素产量的提升空间；而且，类胡萝卜素的强还原性还会触发底盘细胞胁迫响应，使胞内反应活性氧（ROS）的水平显著提高而反馈抑制细胞生长。因此，采用诱导型启动子使生产菌株的生长与生

产解偶联、创建工程化转运蛋白和膜囊泡转运系统，可促进类胡萝卜素外排、弱化膜系统压力等，降低类胡萝卜素合成的反馈抑制效应。

底盘细胞复杂的内环境系统，决定了目标产物的合成必然会受到胞内其他各方面因素的影响，尤其是其内源非必需基因对类胡萝卜素合成能力有重要的影响。对底盘细胞非必需基因的调控、设计和改造，有助于增加外源表达模块与其内环境的适配，增强细胞耐受力，强化目标路径代谢流量。考虑到可理性设计的非必需基因数目及其对内环境影响有限，因此，需借助随机诱变等非理性设计策略以增加基因和相应表型的多样性，进而加速菌株的实验室进化过程。

植物底盘因在蛋白表达、翻译后修饰及催化环境上更贴近产物的天然宿主，近年来，已得到更多研究人员的青睐。目前，科研人员可使用烟草、番茄和水稻等作为底盘细胞生产番茄红素等类胡萝卜素产品。例如，将类胡萝卜素合成路径导入水稻胚乳中，获得了富含各种类胡萝卜素的大米新品种。此外，莱茵衣藻和集胞藻等因具有天然类胡萝卜素合成路径，也是理想的植物底盘细胞。

（二）类胡萝卜素合成途径的模块组装与适配

类胡萝卜素细胞工厂的构建涉及多模块组装，以及路径模块间催化性能、表达水平等多因素的组合适配等。最终目标为最大限度地增加从底物到目标产物的代谢通量，减少非必需副产品和代谢中间体的积累。类胡萝卜素合成步骤中公认的限速酶包括 CrtE、CrtI、CrtZ 和 CrtW，这些酶具有相对宽泛的底物选择性，可以连续催化多步反应。但是，不同来源的限速酶在催化连续多步反应时，其反应步数可能不同，这极大地影响了目标化合物在总类胡萝卜素含量中的占比。另外，催化元件的底物选择差异，也会影响代谢中间体的转化速率。因此，筛选、组合不同来源的催化元件是提高类胡萝卜素合成通量、降低代谢中间体积累的有效手段。

同时，通过调节模块表达水平，也可达到提高整体代谢流量、弱化限速步骤的目的。在调整模块表达强度时，可改变启动子强度、拷贝数、模块在染色体上的整合位置等。通常，可将模块分别克隆到不同质粒进行表达，这有利于快速建立强度多样化的表达文库，调整不同模块的表达水平。同时，通过配合使用不同强度的启动子、调整质粒的复制起始位点等手段可增加文库的多样性、拓宽模块表达强度的动态范围。为实现类胡萝卜素合成途径基因模块的稳定表达，可采用底盘基因组整合方式。表达模块在染色体上的插入位置和拷贝数，对模块的整体表达水平和类胡萝卜素合成路径通量有较大影响。

在类胡萝卜素细胞工厂的构建中，要获得模块间的最佳适配效果，需对所用催化元件的催化性能、基因拷贝数、表达水平及元件在染色体上的整合位置、排列顺序等诸多因素进行筛选，这就需要构建足够大的文库以满足所需覆盖度。模块化代谢工程可将代谢途径中所涉及的催化单元进行聚类分组，将每组催化单元的表达盒子视为一个模块。该方法只涉及平衡模块间的表达水平，这将极有利于降低类胡萝卜素细胞工厂构建的复杂性。

第五节　类胡萝卜素植物资源的开发应用

类胡萝卜素化合物作为一类天然色素，目前已在超过 60 个国家批准使用，也已列入我国食品添加剂国家标准。联合国粮食及农业组织和世界卫生组织联合食品添加剂专家委员会一致推荐并认定 β-胡萝卜素为 A 类营养色素。然而，天然类胡萝卜素潜在的健康效果似乎更令人关注，今后含有类胡萝卜素的食品的开发应该把握以下三个方向。

一、β-胡萝卜素替换维生素 A 制剂中的维生素 A

过量摄取维生素 A 所带来的毒副作用已受到世界各国的关注，我国也不例外。然而，β-胡萝卜素与维生素 A 不同，它不会引起过量摄取的问题，于是可作为安全的维生素 A 原(或维生素 A 前体物质)。实际上，人群连续 3 个月每日摄取 60 mg 的 β-胡萝卜素，1 个月后血清胡萝卜素水平从 128 μg/100mL 上升至最高的 308 μg/100mL(2 倍多)，但是维生素 A 水平却几乎不变，而且也观察不到维生素 A 过量的症状。国外在 20 世纪 60 年代还进行了一项有关 β-胡萝卜素的慢性毒性试验，以鼠为对象，历时 4 代，总共饲养达 110 周之长，结果任何一代鼠中都没有出现什么有害的影响。

可见，β-胡萝卜素可作为一种安全的维生素 A 原。在很多国家，维生素剂作为一类健康或营养食品已广为人们所接受。其中，用 β-胡萝卜素来替换维生素剂中的维生素 A 已成为一种必然趋势。

二、含β-胡萝卜素食品的形态多样化

目前，已成功地采用微生物发酵生产β-胡萝卜素，于是各种含有β-胡萝卜素的食品相继上市。瑞金已开发出各种系列的β-胡萝卜素制品，或其他类胡萝卜素产品。采用天然β-胡萝卜素植物油悬浮液“生物胡萝卜素-30”“生物胡萝卜素-04”制备明胶软胶囊剂健康食品。另外，“水溶性生物胡萝卜素-02”可分散于水，呈透明均一的性质，该产品可广泛地应用于诸多以减轻紫外线损伤为目的的饮料中。

此外，利用类胡萝卜素产品开发一些新型健康食品，如含有天然β-胡萝卜素的糖果、含有类胡萝卜素（包括β-胡萝卜素或番茄红素）的软或硬胶囊功能性食品。同时，可以利用类胡萝卜素的着色和健康功能，开发一些新型饮料或其他食品。总之，类胡萝卜素食品的形态多样化是它未来发展的一个新热点。

三、类胡萝卜素复合化

人们的膳食中大致含有50～60种类胡萝卜素化合物。现在，在人的血浆中也发现22种以上的类胡萝卜素及8种以上的代谢产物。其中，主要的类胡萝卜素化合物有β-胡萝卜素、α-胡萝卜素、番茄红素、叶黄素、玉米黄质及隐黄质6种。事实上，诸多微藻中的生物类胡萝卜素的组成也是由多种类胡萝卜素化合物组成的，如β-胡萝卜素94.5%、α-胡萝卜素3.6%、叶黄素0.4%、玉米黄质0.6%及隐黄质0.6%。

不同类胡萝卜素化合物之间存在一定的相互协同效果。不同类胡萝卜素在机体内存在的位点有所不同，而且对“标的”的作用机制也可能会有差异。可见，类胡萝卜素复合化，不仅符合生物体对类胡萝卜素营养的需求，也是体现类胡萝卜素最佳效果的一种途径。因此，利用类胡萝卜素之间的相乘效果开发一些新型类胡萝卜素健康或功能性食品，也将是类胡萝卜素的一个重要发展方向。

第三章　类黄酮及其开发应用研究

类黄酮是自然界中广泛存在的一大类多酚化合物，其具有抗氧化、抑制脂质过氧化反应、预防心血管疾病、抗癌等生物活性，故而引发了对生物类黄酮在食品、医药工业领域的广泛研究、开发和利用。本章对类黄酮的结构与性质、类黄酮的主要功能表现、类黄酮的生产技术、类黄酮的生理功能与抗菌机制、类黄酮植物资源的开发应用进行论述。

第一节　类黄酮的结构与性质阐释

类黄酮，又称为黄酮类化合物，不仅具有抗菌、抗病毒、抗发炎、抗过敏及血管舒张的作用，还具有抑制脂质过氧化、血小板凝集的作用，而且可以改善毛细管的渗透性及脆性。类黄酮所表现出的此类效果大都与其抗氧化性相关，作为自由基清除剂或二价金属离子的螯合剂而起作用。

一、类黄酮的结构

类黄酮具有 C_6—C_3—C_6 碳架的特征性结构，根据其中三碳链氧化程度、B 环连接位置及三碳链是否成环等特点，可将主要的天然类黄酮分成黄酮类、黄酮醇类、二氢黄酮类、二氢黄酮醇类、异黄酮类、二氢异黄酮类、查耳酮类、花青素类、双黄酮类等。

天然类黄酮几乎在 A、B 环上均有取代基；少数黄酮化合物结构较为复杂，如榕碱为生物碱型黄酮。天然类黄酮在植物体内只有少数以游离形式存在，多数与糖结合成苷的形式。人体中的黄酮包括异黄酮、黄酮、黄酮醇、二氢黄酮、二氢异黄酮、查耳酮、花色苷等。

二、类黄酮的物理与化学性质

“类黄酮化合物是植物次级代谢产物，具有多种重要的生物学功能，对人体健康具有潜在的有益作用，作为抗菌药物在植物与微生物的相互作用和防御反应中发挥重要作用。”[①]类黄酮作为中草药的主要有效成分，一直是天然药物的开发对象，目前以类黄酮（特别是黄酮类化合物）为基料的药物已有很多，其医疗效果包括改善心血管疾病、抗病毒或抗炎症等。膳食来源的类黄酮化合物具有预防慢性疾病、促进健康的作用，已经被开发成不同功能定位的功能性食品，成为科学界及工业界的一大共识。

（一）类黄酮的物理性质

第一，类黄酮的性状。类黄酮多为结晶性固体，少数为无定形粉末。其中，黄酮、黄酮醇及其苷类多呈灰黄色至黄色；查耳酮为黄色至橙黄色；二氢黄酮、二氢黄酮醇因 C-2 和 C-3 位之间的双键被氧化，交叉共轭体系中断，几乎没有颜色；异黄酮因苯环取代在 3 位，共轭程度减小，仅显微黄色；花青素及其苷元的颜色除了与共轭程度有关，还与外界环境的 pH 有关，pH＜7 时以盐的形式存在，为红色；pH＝7 时为无色；在 pH＝8.5 左右时呈紫色；pH＞8.5 时变为醌式结构显蓝色。

第二，旋光性。游离的类黄酮一般没有旋光性，如果 2，3-位被氧化，产生手性碳则具有旋光性，如二氢黄酮、二氢黄酮醇、二氢异黄酮、黄烷醇。黄酮苷由于引入了糖分子，故均具有旋光性，而且一般为左旋体。

第三，溶解性。类黄酮的溶解性因其结构及存在状态的不同而有很大差异。游离黄酮一般难溶或不溶于水，易溶于甲醇、乙醇、乙酸乙酯等有机溶剂及稀碱水溶液中。游离花青素类虽为平面型结构，但由于其以离子形式存在，具有盐的通性，因而亲水性较强，较易溶于水。异类黄酮由于 B 环苯环的位阻，水溶性位于平面型分子和非平面型分子之间。

（二）类黄酮的化学性质

1. 酸碱性

天然类黄酮多有酚羟基取代，故呈现酸性，可溶于碱性水溶液、吡啶、甲酰胺及二甲基甲酰胺中。酚羟基的数目及位置不同，酸性强弱也不同，其酸性强弱的顺序为：7，4′二羟基＞7-或 4′羟基＞一般酚羟基＞5-羟基或 3 羟基。这是由于：C7、C4′上的羟基与羰基形成共轴体系使其酸性加强；C_5、C_3上的羟基容易形成分子内氢键，使羟基氢难电离，酸性减弱。根据这一性

① 赵莹，杨欣宇，赵晓丹，等．植物类黄酮化合物生物合成调控研究进展[J]．食品工业科技，2021，42(21)：454．

质,可选用 pH 梯度萃取法进行黄酮的分离。

类黄酮分子中 γ-吡喃酮环上的 1-位氧原子,因有未共用的电子对,故表现出弱碱性,可与强无机酸如浓硫酸、浓盐酸等生成钝盐,但生成的钝盐极不稳定,遇水即可分解。类黄酮与浓硫酸形成的锐盐常呈现特殊的颜色,可用于鉴别,某些甲氧基溶于浓盐酸中显深黄色,且可与生物碱沉淀试剂生成沉淀。

2. 显色反应

类黄酮的显色反应主要是与分子内酚羟基及 γ-吡喃酮环有关。

(1)还原反应:黄酮和黄酮醇经盐酸镁粉、盐酸锌粉、钠汞齐和四氢硼钠等,还原生成花青素而显色。

类黄酮的固有颜色影响显色反应的结果,所以应注意判断,如植物材料的醇提取液的盐酸-镁粉反应时,溶液呈酱红色,应以升起的泡沫为红色来进行判断,或进行对照实验排除干扰。同时,应注意异黄酮、查耳酮、橙酮和儿茶素类的盐酸-镁粉反应为阴性。

向类黄酮的乙醇溶液中加入钠汞齐,放置数分钟或数小时或加热、过滤,滤液用盐酸酸化,则黄酮、异黄酮、二氢异黄酮类显红色,黄酮醇类显黄色至淡红色,二氢黄酮醇显棕黄色。

硼氢化钠(钾)的还原反应是鉴别二氢黄酮专属性较高的反应,只有二氢黄酮和二氢黄酮醇类能被还原。取样品化合物融入甲醇溶液中,加入等量的 2% NaBH 的甲醇溶液,1 min 后滴加浓盐酸或浓硫酸数滴,产生红色至紫色物质。

(2)金属试剂的络合反应:如果黄酮类分子中有邻二酚羟基、邻位羟基及族基等,常可与铝盐、铅盐、锶盐和镁盐等试剂生成有颜色的配位化合物,用于检识这些配位化合物用酸可以解离还原。

金属试剂的络合反应中 AlCl 显色反应较常用,样品化合物的乙醇溶液滴加 1% $AlCl_3$ 溶液,乙醇溶液生成鲜黄色的铝配合物,包括 5-羟基黄酮铝配合物和黄酮醇铝配合物,并有亮黄色或蓝色荧光(4-羟基黄酮醇和 7,4′二羟基黄酮醇)。

锆盐—枸橼酸显色反应可用于鉴别 3-羟基或-羟基类黄酮。检测黄酮类分子中是否有邻二羟基可以用氨性氯化锂试剂,产生绿色至棕色或黑色沉淀为阳性反应。

(3)与碱性试剂的显色反应:类黄酮遇碱开环,生成 2′-羟基查耳酮而显色,这些碱性试剂可以是氢氧化钠水溶液、碳酸钠水溶液、氨水或氨蒸气。

如氧化钠水溶液对简单黄酮显黄色至橙红色；查耳酮和橙酮产生红色或紫红色；二氢黄酮呈黄色至橙色，放置后或加热则呈深红色至紫红色；黄酮醇呈黄绿色或蓝绿色纤维状沉淀。以上显色反应可以用黄酮提取物在试管中进行，也可以在色谱滤纸上进行或在硅胶、聚酰胺吸附薄层板上进行。

第二节　类黄酮的主要功能表现

类黄酮具有抗氧化、抗炎、抗过敏、抗癌、抗病毒和抗真菌等特性，在国内外医学中，用于抗菌与治疗人类疾病，已被其活性成分制剂成功使用所支持。如万寿菊含六羟黄酮阿拉伯半乳糖苷，在阿根廷民间广泛用于治疗各种传染病；萱属花提取物包含甘草黄酮C和Derrone，对革兰氏阳性和革兰氏阴性细菌有抗菌活性；雏菊含有大量类黄酮如芹菜素、山柰酚、木犀草素、槲皮素及各类黄酮苷，在伊朗民间广泛用作消毒剂和治疗某些疾病。

一、类黄酮的抗氧化性/促氧化性

细胞氧化过程中产生的不同自由基有单线态氧、超过氧化物阴离子羟自由基及过氧自由基。诸多自由基中，羟自由基对机体的毒害最大。该自由基由氢过氧化物形成而来，主要通过两种机制：哈伯-韦斯和芬顿模型。前一种模型氢过氧化物被过氧化阴离子本身还原为羟自由基、羟阴离子及分子氧；后一种模型主要是通过过渡金属还原氢过氧化物。类黄酮还可与过氧化自由基反应，终止该自由基反应的链式反应。

评价一种特定的类黄酮是否是一种有效的抗氧化剂，需要考虑的参数包括：①与不同类型自由基的反应常数；②类黄酮-酚氧自由基的稳定性以及衰减动力学；③清除自由基过程的化学计量法，酚类化合物(特别是类黄酮)可起到阻碍及清除不同自由基的效果。目前，有关此类化合物的抗氧化活性及机制的研究引起了人们广泛的兴趣。

二、对心血管系统的作用

类黄酮的最早生理功能报道就是血管改善效果，它可影响血管壁细胞、血小板功能、白细胞功能、血液凝集、血液流变性及血栓的形成等。

三、抗辐射作用

类黄酮具有一定的抗辐射功能，它的抗辐射机制主要有四个方面：抗氧化性、抑制膜的脂质过氧化、抑制细胞凋亡的发生、调节细胞基因表达。

四、其他

类黄酮还有抗心律失常、抗肿瘤抗癌、镇咳、祛痰、平喘、抗过敏及抗炎，抗菌抗病毒、类激素样、免疫调节等功能。

第三节　类黄酮的生产技术分析

生物类黄酮广泛存在于自然界中，多具有艳丽的色泽。在植物体内生物类黄酮大部分与糖结合成苷，一部分以游离形式存在。植物中的生物类黄酮分布广、含量丰富，具有多种生理功效。其中以黄酮醇最为常见，约占总数的 1/3，黄酮类次之，占总数的 1/4 以上，其余则较少见。生物类黄酮以前主要指基本母核为 2-苯基色原酮类化合物。根据中央三碳链的氧化程度、β-环连接位置(2-或 3-位)及三碳链是否构成环状等特点，可将生物类黄酮分成黄酮、黄酮醇、二氢黄酮及二氢黄酮醇、异黄酮、二氢异黄酮、双黄酮、查耳酮、橙酮、黄烷醇、花色素、新黄酮等。

黄酮和黄酮醇，是植物界分布最广的黄酮类化合物。天然类黄酮多以苷的形式存在，由于糖的种类、数量、连接位置及连接方式等的不同，可以组成各种各样的黄酮苷类。

黄酮化合物具有维生素 C 样的活性，其生理功效包括：①调节毛细血管的脆性与渗透性；②是一种有效的自由基清除剂，其作用仅次于维生素 E；③具有金属螯合的能力，可影响酶与膜的活性；④对维生素 C 有增效作用，似乎有稳定人体组织内维生素 C 的作用；⑤具有抑制细菌和抗生素的作用，这种作用使普通食物抵抗传染病的能力相当高；⑥抗癌作用有对恶性细胞的抑制(停止或抑制细胞的增长)和从生化方面保护细胞免受致癌物的损害。

竹叶提取物具有良好的抗氧化性能，可以清除自由基活性，是一种天然的食品抗氧化剂。另外，经研究，竹叶提取物还具有调血脂、抗衰老、抗应激、抗疲劳、增强免疫等多种生理功效。在植物源黄酮醇类化合物中，槲皮素是研究最多的一种。这不仅因为它具有很好的抗自由基活性，而且它能直接抑制肿瘤，表现出良好的抗癌活性。

异黄酮类化合物是一组与雌激素类固醇结构有密切关系的异环酚类，能低亲和地结合雌激素受体，介导雌激素样作用。异黄酮类化合物在大豆中含量最为丰富。流行病学调查、体内、体外试验表明，大豆异黄酮对肿瘤、心血管疾病、骨质疏松、围绝经期综合征等的预防和治疗具有重要作用。染料木黄酮是大豆异黄酮的主要功效成分，具有多种生物活性。

一、大豆异黄酮生产的关键技术

异黄酮是一种植物雌激素，在结构和功能上与人体雌激素十分相似。在所有植物雌激素中，大豆异黄酮是研究最多的一种。“大豆异黄酮是大豆生长过程中形成的一种次级代谢产物，主要以糖苷和游离苷元的形式分布于大豆的子叶和胚轴中。”[①]大豆异黄酮苷元的母体结构与雌激素雌二醇的母体结构相似，尤其是苯酚环及两个羟基基团之间的距离。一般认为，大豆异黄酮既有雌激素作用也有抗雌激素作用。大豆异黄酮可与雌激素受体结合，在体内雌激素缺乏时表现出微弱的雌激素活性，在体内雌激素充足时与雌激素竞争结合雌激素受体，由于大豆异黄酮的雌激素活性比内源雌激素的活性低许多，从而表现出抗雌激素的作用。

在体内，大豆异黄酮苷元可以直接从小肠吸收，而糖苷形式的大豆异黄酮需经微生物和酶进一步分解成苷元后才能被机体吸收，由此可见，在机体内发挥功能作用的是大豆异黄酮的苷元，因此，功能性研究主要是针对大豆异黄酮苷元，即染料木黄酮、大豆苷元和黄豆苷元。即使在研究中用到糖苷形式的大豆异黄酮，但得到的功效结果最终依然得归属于大豆异黄酮苷元。

大豆异黄酮中真正发挥生物活性的是以游离糖苷配基形式存在的苷元，因此，在提取大豆异黄酮时一般都侧重于如何提高提取物中苷元的含量，甚至还会用酸解法或酶解法等手段将得到的大豆异黄酮糖苷降解为苷元，或是将原料中的大豆异黄酮糖苷降解为苷元后再进一步提取。同样，在

① 周文红，郭咪咪，李秀娟，等.大豆异黄酮提取及其生物转化的研究进展[J].粮油食品科技，2019，27(5)：37.

人工合成大豆异黄酮时，希望得到的也是大豆异黄酮苷元。

(一)大豆异黄酮的提取

大豆异黄酮的提取方式主要包括传统的有机溶剂提取法，改进的如酸水解提取法，以及较新的如微波预处理提取法和超声波辅助提取法等。

1. 酸水解提取法

酸水解提取法的特殊之处是多了一步酸水解，在水解之后一般需要进行碱中和。由于大豆异黄酮苷元与糖苷的分子极性不同，溶解性有差异。因此，在提取时所用到的溶剂也有所不同，这里需要用到极性较低的无水乙醇等有机溶剂。

大豆异黄酮的酸水解提取如下：

(1)用硫酸-乙醇作为溶剂，得到水解提取大豆异黄酮苷元的最佳酸水解条件为：酸度 0.9mol/L，乙醇浓度 60%，水解温度 50℃，酸水解时间 90 min。比较酸水解提取法与传统的有机溶剂提取法，前者无论是提取率还是提取物的纯度都要优于后者。

(2)用 HCL 作为水解溶剂，得到的最佳水解条件为：HCL 浓度为 3.42mol/L，水解时间为 205.5 min，水解温度为 44.6℃。

2. 有机溶剂提取法

(1)原料预处理。原料预处理包括脱脂和粉碎。粉碎后的原料粒径最好在 0.5～0.8 mm，最大不超过 1 mm。粒径过大会给提取造成困难，而粒径过小则会给后续分离操作带来麻烦。

(2)将处理好的原料与提取剂一起置于提取装置中，在一定条件下经过一段时间的提取后，过滤分离便可得到粗提物，再经树脂吸附、柱层析分离或色谱分离等方法可得到较纯的大豆异黄酮(60%左右)，若再经结晶处理，就能得到纯度更高的大豆异黄酮(95%以上)，如采用高效反向色谱法分离纯化大豆异黄酮，则各组分的纯度可达 98%～99%。

(3)溶剂提取的方式有罐式浸提、逆流萃取及利用渗透方式提取等。提取溶剂有乙醇水溶液、甲醇水溶液、丙酮酸溶液和弱碱性水溶液等。其中，最常用的是乙醇水溶液。如果以总异黄酮量作为目标，则其最佳条件为：乙醇浓度 80%，物料比不低于 18∶1(溶剂∶原料)，提取时间 1 h，温度不超过 50℃；若以某种大豆异黄酮作为目的产物，其最佳工艺则需视情形而定，如目的产物的溶解性、热稳定性等。

一是提取。将大约 900 g 脱脂豆片和 2L 甲醇混合，在 55℃下搅拌提取 30 min,过滤,滤出的残渣再经至少 4 次的重复提取,最后将多次得到的滤液合并在一起,便是粗提物的甲醇溶液。

二是反相色谱分离。将大约 9L 的粗提取物甲醇溶液用蒸馏水稀释至其中的甲醇含量为 20%,然后装柱(聚甲基丙烯酸酯柱),用 50%、60%和 75%的甲醇溶液分级洗脱,并利用 HPLC 检测洗脱下来的成分。将分别收集的洗脱液干燥后可得到大豆苷和染料木苷粗品(纯度约 63%)。

三是结晶。反相色谱分离得到的大豆异黄酮纯度较低,如需 95%以上的纯品则需要经更进一步的结晶提纯。将大约 0.727 g 染料木苷粗品溶于 250mL 甲醇中,加入活性炭脱色,过滤后将滤液蒸发至 22mL,并冷却过夜。将悬浊液过滤便可得到 0.339 g 染料木苷晶体,纯度约 97%,回收率为 72%。

四是水解。由于在大豆异黄酮中真正具有生物效用的是大豆异黄酮苷元,因此,将得到的糖苷水解成苷元后再出售,其市场潜力更大。将大约 49 mg 染料木苷在 15mL,105℃盐酸溶液(4mol/L)中加热回流 5 h,之后用 50mL 二乙酰提取两次,合并两次得到的提取液,蒸发至干燥状态。将干燥后的固体用乙醇水溶液 3∶2(v/v)溶解,最终将得到染料木黄酮结晶。该晶体纯度可达 99%。

3. 微波预处理提取法

用微波对大豆原料进行预处理,能提高大豆异黄酮的溶出率,提高提取物的含量和纯度。微波预处理提取法在原料脱脂粉碎后,加入少许蒸馏水,置于微波发生器中,经短时微波处理后进行溶剂萃取,过滤便可得到大豆异黄酮粗提取物。经实验证明,微波处理 4 min 效果最佳。

4. 超声波辅助提取法

超声波辅助提取法提取成本便宜,对仪器要求更低。此法借助于超声波在通过提取溶剂时产生的气穴现象来加强提取效果。在用超声波处理时,产生的气泡受到压缩,气泡内的压力和温度上升,最终导致气泡破灭,从而形成“冲击波”,穿过整个溶剂,加强了搅拌混合作用。另外,它能使溶剂更好地穿透并作用于原料,增加了固液的表面接触面积,从而提高提取效果。

用 50%的乙醇作提取剂,在 60℃经超声波辅助提取 10 min 便能达到较好的提取效果。与超临界流体萃取法相比,超声波辅助提取法的总异黄酮提取量要高许多。

超声波辅助提取法是一种高效、低成本、低溶剂残留且对环境污染较小的大豆异黄酮提取法。

（二）大豆异黄酮的合成

天然植物中的大豆异黄酮含量一般都是极低的，且生产成本高，工艺复杂。因此，人们通过化学合成或生物合成等手段获取大豆异黄酮苷元，以满足日益增长的市场需求量。

1. 大豆异黄酮的化学合成法

大豆异黄酮苷元包括染料木黄酮、大豆苷元和黄豆苷元。

（1）以大豆苷元为例，以间苯二酚为主要原料，在催化剂作用下，与对羟基苯乙酸一起生成三羟基脱氧安息香。此法具有产率高、反应时间短等优点，催化剂还可回收再利用。随后进行的是增碳链和闭环反应。将三羟基脱氧安息香和带有两个甲氧基的叔胺一起在150℃的DMF（N，N-二甲基甲酰胺）溶液中反应3 h，得到大豆苷元，产率为76%。

（2）制备大豆异黄酮。将间苯二酚和甲氧基苯乙酸加热到90℃，在三氟化硼-乙醚中反应1 h，随后将反应混合物边冷却边加入DMF，直至温度降到10～15℃。与此同时，在另一反应器中用亚磷酸五氯化物处理DMF制得N，N-二甲基氯化铵，并加入前一个反应装置中，于室温下反应30～60 min。将最终得到的橙黄色反应混合物缓慢倒入沸腾的稀HCl（0.1mol/L）溶液中，用力搅拌，持续30 min，在此过程中，当混合物由橙黄变为白色的时候即是大豆异黄酮形成的时候。产物经过滤后用水清洗，最后再经甲醇溶液重结晶可得到纯度高达99%的纯品。

2. 大豆异黄酮的生物合成法

大豆异黄酮的化学合成成本高，而利用微生物发酵法生产大豆异黄酮不仅可以降低成本，还能进行大规模生产。微生物发酵合成法的一般过程是先将微生物培养在以大豆为基质的培养基中，经一段时间发酵后，收集发酵液，经提取、分离和纯化等工序后便可得到所要的大豆异黄酮。如可用于生产大豆异黄酮苷元特别是染料木黄酮和大豆苷元的微生物，主要是各种霉菌，尤其是链霉菌和根霉菌，以及小部分细菌和酵母等。这些微生物都能产生片葡萄糖苷酶，这是一种可以水解大豆异黄酮糖苷为苷元的酶。

微生物发酵合成法的实践如下：

（1）利用交联葡聚糖凝胶树脂柱，对过滤后的发酵液进行分离，用甲醇溶液洗脱，最终得到的染料木黄酮和大豆苷元产量只有1 μg/mL。

（2）将红色糖多孢菌培养在以大豆为基质的培养基上，等到染料木黄酮生成后，收集发酵液。在提取分离前先用 NaOH 将发酵液 pH 调至 9.5，再用乙酸乙酯提取，随后用酸化水进行反萃取，使染料木黄酮留在乙酸乙酯中，而杂质红霉素进入水相。将有机溶剂蒸发后，便可得到纯化的染料木黄酮。虽然此法不是一种能大量生产的染料木黄酮，但却不失为一种高效的纯化和浓缩法。

用微生物发酵来制备大豆异黄酮这种方法有两个关键点，关系到大豆异黄酮苷元的产量和纯度：①菌种的选取，一个好的菌种能使整个合成过程事半功倍，这是一项需要花费大量的时间和精力来进行的长期而又伟大的事业。目前所报道的微生物的大豆异黄酮产量都不高，在这方面还有大量的工作等待完成。②提取和纯化的方法，这可以通过实验进行条件优化。

二、染料木黄酮生产的关键技术

染料木黄酮，又名金雀异黄素、染料木苷元，是大豆异黄酮的主要成分，化学名为 4,5,7-三羟基异黄酮，分子式 $C_{15}H_{10}O_5$，结构上是与雌激素相似的杂环酚，通常被称作植物雌激素。

染料木黄酮的分子量为 270.24，熔点为 297～298℃，呈灰白色结晶，紫外灯下无荧光。难溶或不溶于水，可溶于甲醇、乙醇、乙酸乙酯、乙醚等有机溶剂，由于分子中有酚羟基，故其显酸性，可溶于碱性水溶液中及吡啶中。

早期对染料木黄酮生物活性的研究，发现其结构与内源性雌二醇的结构相似，便以之为新型雌激素加以研究。最后发现染料木黄酮的雌激素活性仅为雌二醇的 1/1000～1/10000，它与雌激素竞争性结合雌激素受体，表现出抗雌激素作用，从而对与雌激素相关的疾病有一定保护作用。染料木黄酮的生物活性是多方面的，比较重要的有抗癌、抗心血管疾病及预防骨质疏松等。

染料木黄酮的化学结构已经研究清楚了，生产染料木黄酮除了从天然原料中提取，还可以采用化学合成的方法得到。

染料木黄酮的提取法制备可以分为两个阶段：一是原料预处理，即脱脂豆粉的制备；二是染料木黄酮的提取与精制。

（一）染料木黄酮的提取

目前，市场上销售的染料木黄酮大多从脱脂豆粉中提取。以下分别从脱脂豆粉的制备和染料木黄酮的提取两个方面来说明：

第一,脱脂豆粉的制备。大豆经乙烷萃取脂肪,低温脱除溶剂后得到脱脂大豆片,要求达到一定标准。大豆片经研磨粉碎后,通过100目筛得到脱脂豆粉。

第二,染料木黄酮的提取。称取一定量豆粉,加入0.5mol/L盐酸溶液,混匀,于沸水浴中回流3 h后,倒入带回流冷凝管的三口瓶中,加入提取溶剂(80%的乙醇),摇匀,在40℃以下提取1 h。之后,将三口瓶中的悬浊液转移至离心管中,在3600 r/min下离心15 min,倾出上清液,或用0.3 μm有机滤膜抽滤,再用HPLC测定染料木黄酮含量。如需要更纯的染料木黄酮,则还需进一步分离和浓缩。

(二)染料木黄酮的合成

由于染料木黄酮在大豆中含量太低,用提取的方法很难形成大规模生产,且存在生产成本高、工艺复杂、纯度低等问题。从而选用廉价的原料,用化学合成的方法为制备染料木黄酮打开了新的局面。染料木黄酮的化学合成以苯三酚为主要原料,经中间体2,4,6,4′-四羟基脱氧安息香合成,增碳及闭环反应后最终得到。

四羟基脱氧安息香是染料木黄酮合成过程中的中间体。利用苯三酚与另一对苯酚衍生物缩合成四羟基脱氧安息香中间体后,接下来要做的是增碳和闭环,最终目的都是为了增长碳链和再增加一个环。通过查耳酮的环氧化,重排和脱苯基成环;用高价碘化物诱导黄烷酮重排;以及用邻羟基苯醛和烯胺缩合等,这些方法由于反应时间长,反应条件剧烈,所用试剂昂贵,产率低,反应产物复杂,需要经过繁杂的纯化才能得到最终产品,因此应用价值不大。

第四节 类黄酮的生理功能与抗菌机制

一、类黄酮的生理功能

类黄酮是一种有机化合物,也是一种植物影响素,其能够促使植物在生长过程中因受到紫外线辐射、温差、土壤成分、病原微生物等因素的影响而产生第二代谢物,该成分的化学结构,分布范围、含量等会根据不同的植物种类、不同植物的生长周期，以及不同的生态环境发生变化，但相同科属的植物会产生相似的类黄酮。

类黄酮广泛存在于各种植物中，帮助植物生长体系中的各种生理功能进行正常运行，例如，花朵和蔬菜果实鲜艳颜色的呈现、植物的授粉繁殖、气味的形成都离不开植物体内的类黄酮成分。类黄酮作为植物次生代谢产物，对于围绕在植物四周里存在的环境因子能够发挥出积极的保护作用，如当类黄酮与外界的一些醇类成分相遇时，会自动地起到抑制作用，防止一些有害的病原微生物危害植物的正常生长。目前也有研究表明，植物的能量储存和转移、光合作用、生理器官发育等生物过程都需要类黄酮参与其中。

由于类黄酮在植物的生长过程中具有重要的推动作用，尤其是在遇到一些有害的病原微生物时能够帮助植物在复杂的环境中存活下来，这其实也是类黄酮集中存储在枝叶维管束部分的原因，从而方便植物的生长系统随时调用。

二、类黄酮的抗菌机制

类黄酮可有效应用于对抗人类病原体，细菌耐药性较低，逆转抗生素耐药。

（一）破坏细菌细胞膜

细胞膜是一个由肽聚糖与脂类的生物构成的半透性膜，具有呼吸、吸收营养物质、运输蛋白质、排出代谢废物的作用，一旦细胞膜出现损坏和异常，极有可能造成细胞死亡。

如儿茶素就是通过诱导细胞膜结构的渗透性变化，影响膜蛋白均匀分布，从而最终导致细胞膜的损伤来达到降低细菌活性的效果。

此外，黄酮芹菜素(7)、刺槐黄素(8)以及黄酮醇桑色素(24)和鼠李黄素(35)，通过扰乱脂的有序与定向排列，引起膜结构不稳，增大胞内物质渗漏。

黄烷酮柚皮素(45)和槐黄烷酮G(48)对耐甲氧西林金黄色葡萄球菌(MRSA)的抗菌活性，是因降低细胞膜内外流动性引起的。槲皮素(30)、芦丁(33)和银链苷(36)可减小脂双分子层厚度，破坏脂质单层结构。

黄烷酮C-3位被亚芳基取代，影响金黄色葡萄球菌、表皮葡萄球菌与粪肠球菌，引发细菌细胞聚集，破坏细胞膜完整性，导致细菌生物膜扰动，有高度抗菌活性。

类黄酮—OH 的数量、分布，以及 C 环甲氧基等差异，影响类黄酮与脂质双层之间的相互作用。

（二）抑制细菌脂肪酸、黏肽层合成

第一，抑制细菌脂肪酸合成。脂肪酸是细胞膜的重要组成成分，细菌脂肪酸合成酶（FAS-Ⅱ）在许多方面不同于哺乳动物脂肪酸合成酶（FAS-Ⅰ），这使抗菌剂对 FAS-Ⅲ有优良的靶向性。类黄酮是 FAS-Ⅲ抑制剂，如槲皮素（30）、芹菜素（7）与樱花素（47）能抑制幽门螺杆菌的 3-羟脂酰基-ACP 脱水酶；圣草酚（42）、柚皮素（45）和紫杉叶素（51）对粪球菌 3-酮脂酰-ACP 合酶有很好的抑制效果；紫铆因（54）、异甘草素（56）和非瑟酮（22），能降低牛结核分枝杆菌卡介苗 FAS-Ⅲ活性。

第二，抑制黏肽层合成。粘肽层是肽聚糖、胞壁质或黏质复合物，抑制其合成是常见传统抗菌药物和类黄酮抗菌作用机制之一。如黄芩素（12）有助于 EGCG（39）引起的肽聚糖损伤；高良姜素（23）、山柰素（28）和山柰素-3-葡萄糖苷（29）不仅对耐阿莫西林大肠埃希菌有抗菌活性，还能抑制肽聚糖和核糖体合成，逆转抗菌剂耐药性；儿茶素与肽聚糖化合，干扰细菌细胞壁合成；EGCG（39）和环丝氨酸协同抑制细胞壁合成，与 β-内酰胺（苯唑西林钠、甲氧西林钠、氨苄西林、头孢氨苄）直接或间接靶向肽聚糖，从而增强 β-内酰胺抗菌药物的活性。

（三）抑制细菌生物膜形成

类黄酮作为一种有机物，可以发生连锁的分子反应，因此其不仅能够直接与细菌发生作用，还可以黏附在细菌外部，从而达到抑制细菌生物膜形成的效果，进而阻碍细菌的进一步生长和繁殖。当有大量的细菌不断积累时，会逐渐形成一个由细菌产生的纤维蛋白等有机物包裹形成的细菌集群，而覆盖在细菌集群表面的黏性膜层就是细菌生物膜，其能够对微生物、动植物、人体等产生严重的病原感染，甚至还可能引发一些不可预见的并发症，从很多病例中可以发现很多感染性疾病都与生物膜紧密相关。当前医学研究表明生物膜内的细菌对比处于浮游状态下的同种细菌，对于宿主自身的免疫系统或抗生素的抵抗力可以提高至 100～1000 倍，这会给相关感染性疾病的治疗带来很大的困难，不仅疾病很可能无法根除，还极有可能反复发作，或是快速恶化。因此，很多医学专家也在尝试找到更多的靶点，从而能够在有限的技术条件下有效抑制生物膜的形成，或是瓦解

生物膜。

其中，类黄酮虽然能够促使细菌聚集，但是同时会抑制细菌的生长。在使用类黄酮培育金黄色葡萄球菌的过程中可以发现，类黄酮在细菌分子相遇时，会产生分泌物吸引同类型的细菌聚集，由于这种分泌物会降低细菌细胞膜表面的活性，从而使细菌不断聚集，但会因为细菌单位细胞膜面积活性养分不足而阻碍细菌生物膜的形成。

亲水性类黄酮能与膜表面相互结合，防止有害物质与细胞膜作用，抑制细菌生物膜形成。黄酮如 6-氨基黄酮(1)、7-羟基黄酮(2)、芹菜素(7)、白杨素(13)、异黄酮大豆黄素(20)和染料木素(21)与查耳酮根皮素(55)抑制大肠埃希菌 O157：H7 生物膜形成，抗氧化化合物(维生素 C 和维生素 E)没有这种效果，说明类黄酮阻止生物膜形成，抗氧化性不是唯一原因。此外，根皮素显著降低大肠埃希菌 O157：H7 生物膜形成，对浮游细菌生长不产生影响；鱼藤酮(63)对大肠埃希菌生物膜抑制有类似效果。

菌毛是影响细菌生物膜形成的关键。每个细菌菌体的表面都均匀地分布着 200～500 根菌毛，其能够促使细菌黏附到各种固体物质表面和宿主的细胞受体上，当黏附的细菌达到一定的数量之后就能够形成完整的生物膜。最早在临床治疗中使用的外排泵抑制剂(EPI)是拟肽 EPI 家族和吡啶并嘧啶 EPIs，它们不仅具备内在的抗菌活性，还具备了一定的膜破坏性。

不同的细菌经过代谢活动能够产生不同的细菌毒素，该成分能够作用于特定靶细胞的特定靶点，从而造成靶细胞功能的损坏或异常，甚至死亡，进而会引导靶细胞宿主产生一系列病理反应，信使毒素、超抗原、膜分子水解毒素等都是常见的细菌毒素。槲皮素(30)、杨梅酮(25)等类黄酮化合物已经被科学研究证明是一种无乳链球菌的透明质酸裂解酶(Hyl)，仅通过分泌透明质酸就能够有效降低细菌毒素。

类黄酮特别是儿茶素和原花青素，能中和霍乱弧菌、创伤弧菌、金黄色葡萄球菌炭疽杆菌、肉毒梭状芽孢杆菌的细菌毒素。类似，桑色素(24)抑制金黄色葡萄球菌的外毒素，山柰酚(26)、山柰酚-3-芦丁糖苷(27)和槲皮素糖苷抑制肉毒杆菌的神经毒素。乔松素(46)——蜂蜜黄烷酮，以浓度方式减少金黄色葡萄球菌 α-溶血毒素产生。EGCG(39)和 GCG 抑制从肠出血性大肠埃希菌释放志贺样毒素，提示绿茶儿茶素可用来防止大肠埃希菌引起的食物中毒。

第五节　类黄酮植物资源的开发应用

近年来,类黄酮的研究与开发引起了全世界的关注。尽管类黄酮还需要不断研究,但是它所表现出来的诸多潜在效果已足够令人们对它刮目相看。人们期待它在预防诸多慢性疾病中发挥更大的作用,如心血管疾病及癌症。

一、类黄酮植物资源在食品中的应用

(一)类黄酮植物资源在一般食品中的应用

类黄酮植物资源在一般食品中的应用,除了作为一种营养增强剂,还可用于防止一些光不稳定色素(如各种类胡萝卜素化合物)的褪色。

类黄酮植物资源具有防止叶绿素等的褪色,如二氢查耳酮可作为一种高甜度甜味剂,替代其他一些甜味剂。如果它与其他甜味剂混合使用,还可具有改善甜味的作用。

(二)类黄酮植物资源在功能性食品中的应用

类黄酮植物资源在功能性食品中最成功的案例是茶叶来源的茶多酚,它的主要成分为不同儿茶素组分。它不仅是非常优秀的天然抗氧化剂,可应用于诸多油脂的抗氧化,还具有很多的生理活性功能,可作为食品营养强化剂,甚至功能性食品的基料。

此外,柑橘、葡萄及银杏等来源的类黄酮化合物,都可用于功能性食品的开发,目前国内外市场都已有相应的产品出现。特别是作为天然色素的主要成分——花色苷,将其应用于食品中,不仅可以赋予食品一种额外的生理功能,还能弥补花色苷色素的一些不足之处。

二、类黄酮植物资源在医药领域的应用

类黄酮在医药领域也有着广泛的应用,如蜂胶与红三叶草异黄酮。

第一,蜂胶。蜂胶中含有多种类黄酮,如金合欢素、异香草醛、5-羟基-7,4-二甲氧基黄酮、5,7 二羟基-3,4-甲氧基黄酮、3,5-二羟基-7,4-ZZ 甲氧

基黄酮、5-羟基-7,4-Zl 甲氧黄酮醇,具有抑制细菌和真菌的作用。

蜂胶对细菌和真菌有很强的抗菌作用,但对酵母菌不起作用,革兰阳性细菌和耐酸细菌对蜂胶提取物最敏感。因此,蜂胶用于消炎具有很好的效果,可用于治疗慢性喉炎、鼻炎、中耳炎、胃溃疡和胃炎等。另外,蜂胶软膏对烧伤、各种皮肤病、浸润性秃发、斑秃和皮肤结核等也取得了满意的治疗效果。

第二,红三叶草异黄酮。红三叶草异黄酮在预防和治疗动脉硬化、骨质疏松、更年期症状、癌症等方面得到广泛应用,另外,随着对红三叶草异黄酮生理功能研究的不断深入,人们也在不断地扩大它的应用领域,如治疗肝内脂质沉积、胰岛素抵抗、血小板功能异常、X 综合征、血管功能异常等内科临床疾病、神经功能障碍、乙醇依赖性等方面。

第四章　多糖及其开发应用研究

多糖物质作为聚合物，来源广泛、毒性低，同时有着良好的成膜性和保湿、美白、抗肿瘤、抗病毒、降血糖等多种生物活性，在多个产业中被广泛应用，是一种理想的自然资源。本章对多糖的结构与性质、多糖的生理功能表现、多糖的生产技术、植物多糖抗氧化活性研究、多糖植物资源的开发应用进行论述。

第一节　多糖的结构与性质阐释

植物细胞中最常见的多糖是纤维素和淀粉。纤维素是植物中含量最为丰富的有机化合物，它是细胞壁的纤维原料，与木质素一同形成坚硬的细胞壁结构。淀粉是高等植物的贮存多糖，是为人类的粮食和动物饲料提供能量的主要营养物质，淀粉的分解为种子萌发和生长提供所需的主要能源。

根据多糖是否容易溶于水，不同种类的植物多糖可大致分为两类：①可溶多糖。可溶多糖包括淀粉、菊粉、果胶及不同植物胶或黏液。②不可溶多糖。不可溶多糖通常构成细胞壁的结构原料，而且与木质素紧密相连。除纤维素外，大多数半纤维素也属于不可溶多糖，它包含大量多糖成分，主要有三类：木聚糖、葡甘露聚糖及阿拉伯半乳聚糖。

一、淀粉的结构与性质

淀粉在植物种子、块根与果实中含量很多，淀粉可分为直链淀粉和支链淀粉，经酸水解后最终产物都是D-葡萄糖，为同聚多糖。“淀粉是人类从饮食中获取能量的主要来源，对维持人体正常生命活动有着重要意义。”[①]因此，对淀粉的结构与性质进行阐释，可以推动淀粉的进一步发展。

① 朱平，孔祥礼，包劲松．抗性淀粉在食品中的应用及功效研究进展[J]．核农学报，2015，29(2)：327.

(一)淀粉的结构

直链淀粉主要是由 α-1,4 糖苷键相连而成的直链结构,线形糖链在分子内氢键的作用下,卷曲盘旋成螺旋状,每个螺旋约含 6 个 D-葡萄糖单位,此外,在主链上还有少数短分支。

支链淀粉的分子比直链淀粉大,它是由 α-1,4 糖苷键联结成直链(通常为 24～30 个前萄糖单位),此直链上又可通过 α-1,6 背键形成侧链,呈树枝形分支结构:每一分支平均含 20～30 个葡菊糖残基,各分支也是 D-葡萄糖残基以 α-1,4 糖苷键成链,卷曲成螺旋,但在分支接点上则为 α-1,6 糖苷键,分支之间相距 11～12 个葡萄糖残基。

支链淀粉具有多个非还原端,只有一个还原端。且链淀粉以 α-1,4 糖苷键连接,每个残基间形成一定角度,因而淀粉链倾向于形成有规则的螺旋构象。其二级结构呈左手螺旋,每个螺旋 6 个葡萄糖残基,螺旋内径约 1.4 nm,螺距为 0.8 nm。

(二)淀粉的物理化学性质

淀粉在植物细胞内以颗粒的形式存在,是淀粉分子的分子集聚。在冷水中不溶解,但在加热的情况下淀粉颗粒吸收水而膨胀,分散于水中,形成半透明的胶悬液,此过程称为凝胶化或糊化。

凝胶化的直链淀粉缓慢冷却或淀粉凝胶经长期放置,淀粉分子可借助分子间的氢键形成不溶的微晶束而沉淀析出,变成不透明甚至产生沉淀的现象,称为淀粉的老化或退减现象,其本质是糊化的淀粉分子又自动排列成序,形成致密、高度品化的不溶解性的淀粉分子微束。老化的淀粉容易为淀粉酶作用,但不易被人体吸收。淀粉老化作用的控制在食品工业中有重要的意义。老化作用的最适温度在 2～4℃、＞60℃或＜－20℃都不发生老化,但食品不可长时间放置在高温下,一经加热降至常温便会发生老化。为防止老化,可将淀粉食品速冻至－20℃,使淀粉分子间的水急速结晶,阻碍淀粉分子的相互靠近。

直链淀粉与支链淀粉相比,直链淀粉易老化;聚合度高的淀粉与聚合度低的淀粉相比,聚度高的易老化。支链淀粉由于高度的分支性,结构相对利于与溶剂水分子以氢键结合,因而易分散在凉水中,加热分散成黏性很大的胶体溶液,这种胶体溶液在冷凉后也非常稳定,几乎不会老化,原因是其结构的三维网状空间分布妨碍微晶束氢键的形成。

从结构上来看,淀粉的多糖苷链末端仍有游离的半缩醛,但是淀粉链很长，游离的半缩醛羟基还原性一般情况下不显出来。直链淀粉形成的螺旋结构，易于含极性基团的有机化合物通过氢键缔合、失水结晶析出，在粮食淀粉液中，加入丙醇、丁醇或戊醇、乙醇，可使直链淀粉析出，而与支链淀粉分离。

淀粉很易水解，与水一起加热即可引起分子的裂解，当与无机酸共热时，可彻底水解为D-葡萄糖。在淀粉水解过程中产生的多糖苷链片断，统称为糊精，糊精可溶于凉水，有黏性，可制粘贴剂。工业上制造糊精是将含水量10％～20％的淀粉加热至200～250℃，使淀粉大分子裂解为较小的片断。

淀粉可与碘发生非常灵敏的颜色反应，直链淀粉呈深蓝色，支链淀粉呈蓝紫色。这是由于当碘分子进入淀粉螺旋圈内的中心空道，朝向内圈的羟基氧成为电子供体，与碘分子形成稳定的淀粉-碘络合物，呈现蓝色，淀粉-碘络合物的颜色与淀粉糖甘链的长度有关，特征蓝色要36个葡萄糖残基(6圈)，支链淀粉的分支单位的螺旋聚合度只有20～30个葡萄糖残基，短链的淀粉分子吸收较短波长的光，呈紫色或紫红色。当链长＜6个葡萄糖残基时，不能形成一个螺旋圈，因而不能形成起成色作用的淀粉-碘络合物。糊精依相对分子质量递减的程度，与碘呈色由蓝紫色、紫红色、橙色以至不呈色。

二、纤维素的结构与性质

纤维素是植物细胞壁结构物质的主要成分，构成植物支撑组织的基础。纤维素含量占生物界全部有机碳化物的一半以上，如棉、麻，作物茎秆、木材等。纤维素是由1000～10000个β-D-葡萄糖通过β-1,4糖苷键连接而成的直链同聚多糖，经X射线测定，纤维素分子的链和链之间借助于分子间的氯键组成束状结构，这种结构具有一定的机械强度和韧性，在植物体内起着支撑的作用。

纤维素不溶于水、稀酸及稀碱，无还原性。在纤维素结构中β-1,4糖苷键对稀酸水解有较强的抵抗力；纤维素在浓酸中或用稀酸在加压下水解可以得到纤维四糖、纤维三糖、纤维二糖，其最终产物是D-葡萄糖。

纤维素不能被人体胃肠道的酶所消化，但食物中纤维素可以在人体胃肠道中吸附有机物和无机物，供肠道正常菌群利用，维持正常菌群的平衡，并能促使肠蠕动，具有促进排便等功能。草食动物消化道中存在的微生物可产生水解纤维素的酶，能利用纤维素作养料，将其降解为葡萄糖。自然界中某些真菌、细菌能合成和分泌纤维素酶，可利用纤维素作为碳源，如香菇、木耳的栽培。

纤维素结构中的每一个葡萄糖残基含有3个自由羟基，因此能与酸形成酯。将天然纤维素经过适当处理改变性质以适合特殊的需要，称为改性纤维素。

第二节　多糖的生理功能表现

一、功能性多糖的功效

第一，增强免疫力。真菌多糖、植物多糖、藻类多糖大多是一种免疫增强剂，能介导和调节宿主的免疫系统，刺激免疫细胞成熟、分化和增殖，达到恢复和提高人体细胞对淋巴因子、激素及其他生物活性因子的反应性。不同种类的多糖结构不同，因而作用位点和作用机制也不同，表现的活性也不同。不同种多糖复合使用，可能会出现协同效应。

第二，抗凝血作用。肝素是高度硫酸酶化的动物多糖，与蛋白质结合大量存在于肝脏中。肝素具有强烈的抗凝血活性，临床上用肝素钠盐治疗血栓的形成。除动物多糖外，茶叶、猴头子实体、灵芝子实体、麻黄果等不同来源的多糖也具有抗凝血活性。

第三，抗病毒活性。许多藻类多糖具有抗病毒活性，其中硫酸多糖已被证明是强抗 HIV 病毒物质，是多糖研究中的一个热点。硫酸多糖抗 HIV 作用机制是多糖大分子能够结合到病毒与细胞结合的位点上，从而竞争性地封锁了病毒感染细胞。另外，多糖还能抑制感染细胞 HIV 的复制。

第四，疫苗作用。这类作用多糖主要为病原性细菌的荚膜多糖。该多糖作为细菌的表面结构成分，在人体具有一定的免疫原性，刺激机体产生抗体，它诱导抗体产生的能力较弱，与外膜蛋白、脂多糖结合，能大大增强其免疫原性。

二、功能性低聚糖的功能

功能性低聚糖通常可作为功能性甜味剂来替代部分甚至是全部的食品中的蔗糖，因为功能性低聚糖本身带有不同程度的甜味，所以应用范围相对广泛，如日常购买的糖果、糕点、饮料、调味料和乳制品等食品中就存在功能性低聚糖。据相关调查数据显示，自然界中含有天然功能性低聚糖的食物相对较少，大豆中主要含有大豆低聚糖。此外，大蒜、洋葱、菊苣根、天门冬、伊斯兰洋蓟块茎等都含有低聚果糖。就目前而言，经生物技术合成的广泛的淀粉原料是大部分功能性低聚糖的主要来源，这主要是生产条件的限制。对于合成功能性低聚糖而言，国际上目前已成功研发了70余种。因功能性低聚糖具有独特的生理功能，所以成为功能性食品基料的重要组成部分，其基本生理功能如下所述。

（一）改善营养物质的吸收

功能性低聚糖在胃肠中结合钙、镁、锌、铜等金属离子，在向大肠移动过程中形成低聚糖分子——矿物质络合物，低聚糖在到达大肠后被双歧杆菌发酵分解，发酵分解后产生的矿物质被肠道微生物吸收。

低聚糖在被分解后，会产生一定数量的低分子弱酸，这些低分子弱酸不仅可以降低肠道 pH，增加部分矿物质的溶解度，使生物的有效性得以提高，还使中低分子丁酸盐刺激黏膜细胞生长，提高肠黏膜吸收矿物质的能力。双歧杆菌能产生维生素 B_1、维生素 B_6、维生素 B_{12}、烟酸和叶酸等。

（二）提高机体免疫力

功能性低聚糖增殖所包含的双歧杆菌细胞壁，以及部分其他物质可以产生许多免疫物。肠道免疫细胞在双歧杆菌的强烈刺激下，生成更多的抗体细胞，巨噬细胞的吞噬能力被激活，NK 细胞和杀伤性 T 细胞对肿瘤、病毒、衰老等细胞的杀伤力增强，使机体免疫能力得到提高。小动物体内的双歧杆菌在其肠道内的大量繁殖增加了抗癌作用，这主要是由于双歧杆菌的细胞壁物质，以及细胞之间的物质可以在极大程度上提高机体的免疫力。

（三）改善肠道微生态环境

功能性低聚糖进入肠道后段可作为营养物质被肠道内的双歧杆菌和其他有益菌消化利用，从而使有益菌大量增殖，抑制有害菌及病原菌（如沙门菌等）的繁殖。

调节和恢复肠道内微生态菌群的平衡，可以提高动物的抗病能力。双歧杆菌发酵低聚糖产生短链脂肪酸和一些抗生素物质，不仅可以抑制外源病原菌和内源有害菌的生长，还可以减少有毒代谢物及有害细菌酶的产生，服用功能性低聚糖可降低病原菌的数量，对腹泻有防治作用。功能性低聚糖的摄入促进了短链脂肪酸的分泌，刺激了肠的端动和通过渗透压增加粪便水分，因而能防止便秘的发生。

（四）预防并减少心脑血管疾病

功能性低聚属低甜度、低热量糖，不能被消化酶消化吸收，服用后不会提高血糖值，肝脏胆固醇在双歧杆菌分解产生的丙酸抑制下难以生成，且肝脏中的葡萄糖在双枝杆菌分解后所产生的醋酸盐的作用下也难以转化成脂肪。不仅如此，低聚糖与水溶性植物纤维类似，都可在一定程度上改变血脂代谢，从而使血液中的甘油三酯和胆固醇含量减少。

第三节 多糖的生产技术分析

下面以淀粉为例，分析多糖的生产技术。

一、淀粉的水解

生产氯化淀粉水解物就是以玉米、小麦或马铃薯淀粉为原料。首先将淀粉水解成含葡萄糖、麦芽糖及各种更高级糖的混合糖浆，然后在更高的压力与温度下经镍催化加氢而得。氢化过程将各种还原性葡萄糖单元转变成山梨醇单元、麦芽糖转变为麦芽糖醇单元及将各种更高级的糖转化为其他更高氢化度的糖类＞最终产物是山梨糖醇、麦芽糖醇和其他更高氢化度的糖类（麦芽三糖醇等）的混合物。由于产品不同，所以对淀粉水解形成的葡萄糖与麦芽糖的要求也不同。一般而言，加氢制作后的产品中含有一定的山梨醇与麦芽糖醇，也就是不同规格的氢化淀粉水解物。

液化和糖化是淀粉水解过程中两个最主要的步骤，其中后期工序的难易程度和成品质量与淀粉液化的好坏有着直接的关系。天然淀粉是一种微粒，其结构相对紧密，其中存在着结晶与非结晶区，不易受酶的作用，只有糊化以后才能受到酶的作用，一般采用105～110℃的温度进行糊化；但糊化后的淀粉浆黏度很高，很难操作，为此必须进行液化，使黏度下降并部分水解，防止淀粉冷却时发生沉淀老化，而且淀粉经液化可暴露更多可受酶作用的非还原性末端。液化有酸法和酶法两种。

(一)酸法

酸法通常是用盐酸将 pH 调节到 2.0,在 140～150℃加热 5 min 后,闪急冷却和中和。因酸法液化无专一性,可使共存的纤维、蛋白质等一起水解,导致产生大量副产品。其关键指标是蛋白质含量不能超过 0.5%,最好在 0.3%以下,因为含氮物质将影响水解液的色泽,还会使催化剂钝化或失活而影响氢化进程。

(二)酶法

酶法液化没有酸法的缺点,其操作是加入 α-淀粉酶,在 pH5.5～6.0、80～90℃下保持一定时间,当对碘呈色反应无色时完成液化。液化的程度通常是用葡萄糖值(DE)来衡量的,液化液的 DE 值不同对最后糖化液的组成有较明显的影响。不同的液化方法对最后糖化液的组成也有一定的影响,酶法液化时麦芽糖生成量较前法液化得少,而葡萄糖的生成量较多。

淀粉经液化到其 DE 值约 15%时,泵入糖化罐中冷却至 62℃左右进行糖化,在加入一定量的酶后,保温 2～4 h,当 DE 值达到 40 左右时即升温到 75℃,以终止反应并使糊精充分得以糖化,在此温度保持 30 min,再升温到 90℃维持 20 min,使酶完全失活。糖化一般使用 β-淀粉酶和支链淀粉酶,这样得到的最终产物中除含有大量麦芽糖、部分麦芽三糖、葡萄糖外,还有麦芽四糖、麦芽五糖等更高级的糖存在。

二、淀粉水解糖浆的氢化

第一,调 pH。为了保护镍催化剂,糖液需要用 NaOH 调节至 7.5～8.0。

第二,氢化。在糖醇的氢化生产中,大都采用骨架镍作为催化剂,间歇式反应用粉状,连续反应用块状,用量为 10%～12%。反应的氢压大概与麦芽糖醇、山梨糖醇的生产条件相同,一般用 8MPa。反应温度视具体情况而调整,为 120～130℃。

第三,氢化液的后处理。与生产山梨糖醇、麦芽糖醇等糖醇相同,要先经过过滤,滤框中填充以活性炭,一方面滤除氢化液中夹带的催化剂;另一方面脱除氢化液的微黄色,然后进行离子交换,其主要目的是脱除镍离子,最后蒸发浓缩到所需规格。

第四节　植物多糖抗氧化活性研究

目前,具有抗氧化活性的植物多糖已被广泛发现。根据所属门类可将抗氧化植物多糖分为被子植物门、裸子植物门、绿藻门、褐藻门和红藻门等;其中包括桃金娘科番石榴属、葫芦科葫芦属、银杏科银杏属等。

一、植物多糖抗氧化作用的表现

自由基可被植物多糖直接或间接消除,要想避免疾病的发生,就要维持体内自由基的平衡。相关研究调查表明,不同科属门类植物的多糖之间不仅没有显著差别,它们的抗氧化表现也具有多面性,多表现为对自由基等方面的直接和间接作用。

(一)多糖直接作用于自由基

1. 抑制脂质过氧化

脂质过氧化属于一类自由基链式反应,是指在富氧情况下多不饱和脂肪酸发生的一类氧化变质。在此反应过程中会产生自由基,这些自由基又对这种反应起到较大的推动作用。在生物体内,脂质过氧化会生成大量有毒物质。植物多糖分子可谓是脂质过氧化链式反应的天敌,其在整个反应过程中能够产生大量活性氧,这些活性氧可以减缓或阻断脂质过氧化的进行。

为了更好地考察灵芝多糖抗脂质体的氧化作用,相关研究者或工作人员往往通过脂质体模拟细胞膜,而后将脂质体中加入一定量的灵芝多糖。实验发现空白脂质体在 60 h 时产生的 MDA 是灵芝多糖脂质体的大约 3 倍,产生的过氧化物是灵芝多糖脂质体的 9 倍左右,这些数据足以证明灵芝多糖对脂质过氧化有有效的抑制作用。紫心萝卜中所含有的多糖对脂质过氧化也起到同样的抑制作用,从而发挥抗氧化作用。

2. 清除羟基自由基

羟基自由基不仅是一种具有极强氧化能力的自由基,还具有十分活泼的化学性质。羟基自由基的形成主要与过氧化氢和超氧阴离子有关,羟基自由基几乎可以与机体内的所有有机生物发生反应,通过对生物大分子进行强氧化破坏从而引起组织与细胞的氧化损伤。羟基自由基与寄存于植物多糖碳氢链上的氢原子结合成水,可以使羟基自由基被分解清除。多糖的碳原子在此时转化为碳自由基,并升级氧化形成氧自由基,分解为对人体无害的产物,该过程可以起到抗氧化作用。

为探究对由于Cu催化H_2O_2而产生的羟基自由基的清除作用,相关人员将铁皮石斛多糖提取物与抗坏血酸进行比较,发现2 μg/L的铁皮石斛多糖可清除71.73%的羟基自由基,而10 mmol/L抗坏血酸对于羟自由基的清除率仅为43.02%。由此说,铁皮石斛多糖提取物具有抗氧化作用,能够清除羟基自由基。

3. 清除超氧阴离子自由基

超氧阴离子自由基是由氧分子接受一个电子所形成的,是存在于体内的一种十分容易产生且转化的自由基。超氧阴离子自由基对细胞具有较强的氧化毒性,其可在生物体内对靶向目标进行持续攻击。还原性的半缩醛羟基是植物多糖分子的一部分,当还原性的半缩醛羟基与超氧阴离子自由基相遇时,会发生氧化还原反应,此反应能够终止自由基链式反应来完成抗氧化的效果。

相关调查研究显示,对超氧阴离子自由基而言,辣木根、茎、叶水溶性多糖具有清除能力。其中,辣木根多糖的清除能力更为显著。山茶花多糖对超氧阴离子的清除能力随多糖浓度的增高而增强。

(二)多糖间接作用于自由基

第一,增强SOD的活性。SOD作为一种抗氧化金属酶,可以催化超氧阴离子自由基歧化生成氧和过氧化氢,维持机体氧化与抗氧化的平衡。

植物多糖可以增强体内SOD的活性,维持机体超氧阴离子自由基的数目,起到抗氧化的作用。

甘草多糖能够通过增强SOD的活性,达到抗氧化的作用。

第二,增强GSH-Px的活性。GSH-Px是机体内广泛存在的一种过氧化物分解酶,可以分解机体代谢产生的过氧化物,将其转化为氧气和水,并进一步加以利用;还可以单独有效地捕获自由基,发挥间接抗氧化作用。

五味子多糖可以显著提高GSH-Px的活性;随着蒲公英多糖浓度的增高,小鼠血清和肝脏中GSH-Px的活性显著增强,并推测可能是由于蒲公英多糖分子作用于体内抗氧化酶,通过提高ICR小鼠体内GSH-Px等抗氧化酶的活性,间接发挥其抗氧化的作用。

第三，增强CAT的活性。CAT在机体内是催化过氧化氢分解成水和氧的酶，是过氧化物酶体的标志酶，能够单独有效地捕获自由基，从而发挥间接抗氧化作用。

无论是中剂量的苦葫芦多糖，还是高剂量的苦葫芦多糖，都可对小鼠大脑、肝脏和血清中CAT的含量起到提高作用，这点证明了苦葫芦多糖对体内产生的过氧化物自由基有较好的清除效果，可以破坏体内自由基反应链，进而起到一定的抗氧化作用。

黄多糖能够提高秀丽隐杆线虫体内的CAT活性，发挥抗氧化功效。

第四，金属离子是络合产生活性氧所需的离子。醇羟基往往存在于植物多糖结构中，在与产生超氧阴离子自由基等自由基所需的金属离子进行络合反应后，醇羟基可抑制超氧阴离子自由基产生抑制脂质过氧化的羟自由基，从而阻止活性氧的产生。

在营养丰富的可食用蔬菜中，狭叶香蒲含有的多糖就具有十分显著的整合金属离子的能力，在这种能力的刺激下，羟自由基络合产生过程中所需的亚铁离子可被获取，从而实现了抗氧化的效果。

此外，也有相关研究发现，一些枣子果实多糖也具有十分显著的整合亚铁离子的能力，这主要与多糖组成中所含有的半乳糖酸的数量有关。

第五，降低MDA。通常情况下，人们将多不饱和脂肪酸的过氧化物分解后的产物称为MDA。从某种意义上来讲，自由基对生物体的损伤程度可根据MDA含量的多少被间接反映出来。想要间接减少自由基对机体的损伤，可以利用植物多糖通过降低MDA的方式来进行，从而达到抗氧化的作用。

泡桐花多糖具有良好的抗氧化活性；注射玛咖能够降低小鼠体内的MDA含量，发挥抗氧化活性，延缓小鼠衰老。

第六，提高T-AOC水平。T-AOC反映了机体内酶学及非酶学抗氧化物的总体水平，其活性水平可以反映出机体抗氧化酶的活力及抗氧化系统的功能状态，并且可间接反映出机体脂质过氧化的损伤程度。

石榴皮多糖(PPP)是一种存在于石榴皮中的植物多糖，它能够显著提高小鼠体内T-AC水平，发挥抗氧化活性。

第七，拮抗NO。NO是一种活性氧分子，其化学性质非常活跃。NO的生成依赖于一氧化氮合酶(NOS)。诱导型一氧化氮合酶(iNOS)的过量表达会生成大量NO，致使羟自由基和二氧化氮自由基大量产生，从而加速氧化的发生，植物多糖能够有效调节其反应的发生。

苍术多糖能通过抑制 NOS 的活性降低 NO 水平，对小鼠肝损伤起到保护作用。

当归多糖可以通过消除 NOS、NO，以增强抗氧化能力，起到保护糖尿病大鼠肾脏的作用。

二、植物多糖抗氧化构效关系

第一，物理性质对抗氧化活性的影响。植物多糖分子抗氧化的作用与效果会受到多糖的分子量、黏稠度及溶解度等物理性质及多糖提取方法的影响。与碱提取的方法相比，超声辅助和热水提取的黄芪多糖具有更强的自由基清除能力；软枣猕猴桃多糖对 ABTS 自由基、羟自由基的清除作用也有所增强。

第二，化学修饰对抗氧化活性的影响。硫酸化、磷酸化、羟乙基化及甲基化等，都是植物多糖化学修饰常用到的。经过羧甲基修饰后，大蒜多糖的含糖量越多，对超氧自由基的清洁度就越高。实验表明，原沙蒿多糖相比于硒化沙蒿多糖呈现的抗氧化活性要弱许多。可见，硒化可以有效提高沙蒿多糖的抗氧化活性，而未经修饰的多糖要比磷酸化的红芪多糖对自由基的清除活性低很多。

第三，高级结构对抗氧化活性的影响。具有生物活性的植物多糖均具有规则的高级结构；羧甲基茯苓多糖具有三螺旋结构，能够发挥显著的体外抗炎活性；球状结构或分支杆状结构对于 SGP-2 的活性发挥具有重要的作用。

第五节　多糖植物资源的开发应用

一、人参多糖的开发应用

人参多糖是从人参的根和叶中分别获得的 4 种水溶性多糖，具有复杂的、多方面的生物活性与功能。人参多糖的糖链能控制细胞的分裂与分化，调节细胞的生长与衰老，特别是对机体免疫功能有显著的促进作用；与化疗药物合用不但能提高化疗药物的抗肿瘤活性，而且能降低其毒副作用；还有抗辐射作用,能治疗各种原因引起的免疫功能低下的疾病,因此受到人们广泛的关注和重视。

(一)人参多糖的降血糖作用

人参多糖可引起血糖和肝糖原含度的降低,增加琥珀酸脱氢酶和细胞色素氧化酶的活性。人参多糖对机体肝脏及组织细胞有氧氧化过程的促进作用可能是其降血糖的主要原因,降低肝糖原作用可能与其抑制乳酸脱氢酶活性而使乳酸减少有关,也与6-肾上腺素受体有关。

(二)人参多糖对肝的损害具有保护作用

将Wistar大鼠以D-氨基半乳糖诱发肝损伤,将大鼠灌胃给予人参多糖,并对其穿刺心脏取血,做血清GPT、GOT、总胆红素、5′-核苷酸酶、总蛋白、白蛋白、前白蛋白及血浆凝血酶原时间测定。取血后断头处死动物,取肝组织做病理组织学及电镜检查,并做肝组织cAMP、cCMP含量测定。实验表明,人参多糖对D-氨基半乳糖所致的肝损害具有明显的保护作用。其作用机制可能是稳定和加强肝细胞膜、保护肝细胞线粒体及维持肝组织eAMP/cGMP比值的相对恒定。

(三)人参多糖的抗肿瘤作用

另外,多糖类的抗肿瘤作用一般都是通过提高宿主免疫功能来实现的。

第一,增强网状内皮系统。人参多糖可激活网状内皮系统,增强网状内皮层系统的吞噬功能;人参多糖能提高小鼠巨噬细胞的功能,加速抗体产生,促进淋巴细胞转化,增加网状内皮系统功能,提高机体免疫监视系统的功能。人参多糖对实验性小鼠肿瘤有明显的抑制作用,对S180和艾氏腹水瘤的抑制率为40%~60%;以巨噬细胞EA花环形成率为指标,证明了人参多糖多相脂质体可激活正常或荷瘤小鼠腹腔巨噬细胞FC受体,有助于改善机体的免疫功能,增强巨噬细胞对肿瘤的攻击能力。人参多糖对荷瘤BALB/c小鼠用乳酸脱氢酶法测定,表明人参多糖可明显提高荷瘤小鼠脾淋巴细胞NK的活性和白介素(IL-2)的产生能力。对荷瘤所致小鼠免疫功能低下有较好的调节作用,可以延长荷瘤小鼠的存活时间。人参多糖对瘤细胞无直接杀伤作用,抑癌作用与增强机体免疫功能密切相关。

第二,对补体的影响。人参多糖可显著增强血清补体水平。提高小鼠IgG和豚鼠补体的含量,对小鼠溶血素的产生也有明显的刺激作用。人参多糖可使经眼镜蛇蛇毒因子处理后补体和吞噬率下降的豚鼠有促进补体恢复的功能，能促进中性白细胞吞噬率提高和恢复。

第三，诱生肿瘤坏死因子。人参多糖具有抗肿瘤活性，可以作为免疫增强剂和肿瘤抑制剂，对正常细胞无毒副作用，且多糖药物质量通过化学手段容易控制，于是已成为当今新药的发展方向之一。人参多糖致敏血清对人和鼠的肿瘤细胞株有不同程度的杀伤作用。从血清中提取的有细胞毒活性的粗提液经局部和静脉注入荷瘤动物体内，24 h后，肉眼可见肿瘤局部和中心有坏死褐变区域，镜下可见肿瘤组织出现出血、坏死，细胞核浓缩、破碎、溶解、消失等，提示人参多糖具有一定的抗肿瘤活性。人参多糖在体内主要作用于单核巨噬细胞系统，激活它们产生肿瘤坏死因子等单核因子。

第四，增强原药的抗菌药效。人参多糖能提高白色念珠菌感染的小鼠存活率、平均存活天数，并能显著抑制肾内白色念珠菌的生长，而对体外的白色念珠菌没有抗菌活性。人参多糖可能是通过提高免疫功能来提高小鼠对白色念珠菌的防御能力，若在研究新抗真菌药物的同时辅以多糖，能够达到增强原药的抗菌药效、降低副作用的目的。

第五，干扰素促诱生能力。中药有效成分的干扰素促诱生试验：将分离出的4份人血淋巴细胞分为常规诱生组、启动诱生组、药物促诱生组，加入滤泡性口腔炎病毒（VSV）进行攻击，按细胞病变（CPE）抑制法判定干扰素效价，同时用干扰素标准品进行校正。结果表明，多糖类中药有效成分的干扰素促诱生能力略优于糖肽和皂苷。

（四）人参多糖促进人粒单系造血祖细胞增殖分化

多糖被认为是一种免疫调节剂，被多糖激活的T细胞、B细胞可分泌大量的外源性粒单系和其他造血调控因子来促进粒单系血细胞的发生。

在有外源性粒单系集落刺激因子存在的情况下，人参多糖能显著促进人粒单系造血祖细胞的增殖与分化；经人参多糖体外诱导制备的胸腺细胞、脾细胞、骨髓基质细胞的条件培养液能明显提高人粒单系造血祖细胞的产率；经人参多糖体外刺激后，胸腺细胞、脾细胞、骨髓基质细胞外源性粒单系蛋白表达水平较对照组明显提高。推测人参多糖可能通过直接、间接途径促进胸腺细胞、脾细胞和造血诱导微环境中的基质细胞合成和分泌外源性粒单系或粒单系集落刺激因子样活性，进而促进人粒单系造血祖细胞的增殖和分化。

总之，人参多糖是非细胞毒物质，作为药物的最大优点是毒副作用小，是理想的免疫增强剂。人参多糖对正常机体或荷瘤机体的免疫功能都有增强作用，是一种免疫刺激剂，可以增强网状内皮系统的吞噬功能，不仅能促进T细胞、R细胞、NK细胞和M中细胞等免疫细胞的功能，还能促进白介素、干扰素(IFN)、肿瘤坏死因子等细胞因子的产生。对肿瘤细胞具有抑制作用，但无直接杀伤作用，也缺乏明显的量效关系。其毒性很小，口服应用十分安全。因此，人参多糖可以作为具有抗肿瘤作用的功能食品应用。通过增强机体免疫力而抗老防衰、抗辐射、抗肿瘤，这也许是寻找新的抗癌途径的一个突破口。

二、黄芪多糖的开发与利用

"黄芪多糖是中药黄芪的提取物，具有抗肿瘤、调节免疫、抗氧化、降血糖等多种作用。"[①]黄芪多糖由3种多糖组成，即黄芪多糖Ⅰ(它由D-前萄糖、D-半乳糖和L-阿拉伯糖组成)、黄芪多糖Ⅱ和黄芪多糖Ⅲ，其中黄芪多糖Ⅱ和黄芪多糖Ⅲ均为葡聚糖，黄芪多糖Ⅰ和黄芪多糖Ⅱ具有广泛的免疫增强作用，能提高人体免疫功能，增强细胞生理代谢，提高巨噬细胞活性，是理想的免疫增强剂，它能促进T细胞、B细胞、NK细胞等免疫细胞的功能，双向性调节血糖等，延缓细胞衰老，有利于延年益寿。

(一)免疫调节及抗肿瘤作用

黄芪多糖有广泛的免疫调节及抗肿瘤作用，临床上常用于抗肿瘤、抗病毒、增强免疫力，用于放疗、化疗后机体免疫功能的恢复等，其疗效确切。

黄芪多糖(APS)对肉瘤S180和肝癌有明显抑制作用；经APS液处理SL7系的细胞，经V.S.V病毒攻击后，病毒繁殖率降低。小鼠体内实验证实黄芪多糖溶液可抑制流感病毒引起的小鼠肺炎实变，抑制流感病毒增殖，延长流感病毒感染的小鼠生存时间；可提高免疫功能低下小鼠的溶血空斑计数，改善环磷酰胺所致体液免疫障碍等。

由于黄芪多糖的细胞免疫功能，APS还可作为免疫佐剂增强疫苗的效力，机制在于其诱导机体选择性地产生有益的免疫应答，减少不良反应，而非仅局限于增强免疫应答，具有毒性轻微、无过敏反应、效力高的特点。因此，APS作为一种很有潜力的疫苗佐剂，有着很好的发展前景。

---

① 毛倩倩，林久茂. 黄芪多糖抗肿瘤作用的研究进展[J]. 中医药通报，2020，19(4)：69.

下面从黄芪多糖增强细胞免疫、体液免疫等方面探讨黄芪多糖免疫调节及抗肿瘤作用的机制。

1. 细胞免疫

黄芪多糖增强细胞免疫的作用机制主要表现在以下方面：

(1)诱导凋亡。细胞凋亡是机体的一种主动过程，是在生理状况下细胞自我选择和积极主动的凋亡过程。细胞凋亡对正常生理功能的恢复和维持具有重要意义。肿瘤的发生不仅是因为细胞增殖与分化异常，还与细胞凋亡机制的失常所导致的癌变、发展、演进、转移及带瘤宿主的死亡密切相关。抗肿瘤药若能大量地诱发癌细胞的凋亡，激活其自发的程序性死亡过程，就可避免因为大量细胞坏死而释放胞内物质引起的各种副作用，减轻化疗对正常组织的损伤及延长患者的生存期。诱发肿瘤细胞凋亡是黄芪多糖抗肿瘤的一条途径，却不是主要途径。

(2)活化 T 淋巴细胞的作用。T 淋巴细胞是细胞免疫的主要细胞，它产生的细胞因子 IL-2 具有促进 B 细胞的增殖、分化和合成抗体、诱导其他多种细胞因子的产生和细胞因子受体表达、刺激 NK 细胞的产生并增强 NK 细胞的杀伤功能等作用。大量研究证实，IL-2 生成减少，IL-2R 表达受抑是细胞免疫功能低下的中心环节。体内应用 APS 可纠正烧伤小鼠 T 淋巴细胞 IL-2 减少、IL-2R 表达的受抑状态，对创伤小鼠活化 T 淋巴细胞内 IL-2mRNA 及 IL-2RmRNA 水平均具有明显的升高作用，并促进巨噬细胞产生 IL-10，其机制可能是 APS 可降低创伤小鼠血浆及活化 T 淋巴细胞内 cAMP 含量，增加 rGMP 的含量，从而促进磷脂酰肌醇代谢，进而提高创伤后活化 T 淋巴细胞内 IL-2 及 IL-2R 的基因转录表达。

(3)活化 NK 细胞。NK 是人和鼠淋巴细胞的一个亚群，具有非特异性地在体内和体外抑制肿瘤的生长和直接杀伤肿瘤的作用，其特点是不需要抗原刺激，不依赖抗体或补体的参与，也无 MHC 限制性，反应迅速，作用明显。NK 细胞还是一类重要的免疫调节细胞，它对 B 细胞、T 细胞、骨髓干细胞等的功能均有调节作用，并能分泌干扰素、IL-2、B 细胞生长因子等，目前已被公认为免疫监视细胞中最理想的效应细胞 oAPS 在体内和体外均能明显刺激 NK 细胞增殖，促进 NK 细胞活性，与 IL-2 合用更佳。经 IL-2 和 APS 处理，光镜和电镜下观察 NK 细胞体积变大，胞质丰富，核质比降低；APS 和 IL-2 处理的 NK 细胞具有较高的活性。

(4)促进细胞因子的分泌。肿瘤坏死因子和干扰素是重要的具有免疫调节作用的细胞因子，肿瘤坏死因子具有多种生物活性，尤其是对人和动物多种肿瘤细胞有细胞毒性和细胞静止作用，对免疫反应、机体代谢、炎症反应均具有重要的调节和介导作用；IFN 的主要功能有抗病毒、促进 T 细胞和 B 细胞分化、增强 NK 细胞杀伤活性等。APS 对正常人及肿瘤患者外周血单个核细胞在体外分泌肿瘤坏死因子-α、β 均有明显的促进作用；能提高肝炎患者、流感患者体内诱生干扰素的能力，并对小鼠脾细胞干扰素和腹腔巨噬细胞肿瘤坏死因子的产生有显著促进作用。

2. 体液免疫

(1)激活补体。补体系统是由 30 多种性质不同的蛋白质铸成的多功能体系，是参与机体免疫防御机制的重要生理性活性物质，能够导致炎症和组织细胞损伤，并涉及凝血和纤溶系统的病理性损伤介质，在感染、变态反应和自身免疫病等病理过程中起着重要的作用。

APS 可逆转由眼镜蛇蛇毒因子(CVF)造成的补体活性单位(CH39)下降。电镜下观察豚鼠注射 CVF48 h 后，中性白细胞数目增加，胞内颗粒明显增多，吞噬功能下降。给予 APS 后，中性白细胞颗粒明显减少，白细胞、吞噬功能均已正常，补体活力恢复。

(2)激活巨噬细胞。巨噬细胞是一种多功能的效应细胞，它不仅作为抗原呈递细胞在机体免疫的前期阶段起作用，还作为免疫细胞，既能吞噬靶细胞直接地起作用，又能通过多种生物活性物质间接地起作用。创伤后巨噬细胞功能呈双向变化，趋化、吞噬、杀菌和抗原呈递等功能抑制或受损，而其分泌功能却呈激活状态。

黄芪多糖能有效地激活巨噬细胞杀伤肿瘤细胞，电镜下见经激活处理的巨噬细胞能使靶细胞核破碎，呈现大量凋亡小体，而未经激活处理的巨噬细胞不能引起靶细胞的这些改变；黄芪多糖能明显增强创伤感染小鼠腹腔巨噬细胞吞噬的发光强度，抑制 PEG2 的释放，提示 APS 可调节巨噬细胞功能，使其受抑制的趋化、吞噬、杀菌和抗原呈递功能适当激活，而过度激活的分泌功能受到适当抑制，减少过多的细胞因子分泌，阻断创伤感染的某些病理过程，进而在创伤感染的治疗中具有重要意义。

(3)促进淋巴细胞与血管内皮细胞的黏附。淋巴循环为机体提供了能不断监视抗原侵入的免疫细胞；内皮细胞作为抗原呈递细胞在免疫应答进程中也起了非常重要的作用，血液中的淋巴细胞与淋巴结、集合淋巴结或脾脏的毛细血管后静脉 HEV 及其类似结构黏附是淋巴细胞再循环的重要环节。

以人脐静脉内皮细胞为模型，应用蛋白染料染色、细胞 ELISA、免疫细胞化学等方法，研究黄芪多糖对淋巴细胞与血管内皮细胞黏附的影响及其分子机制，结果黄芪多糖能促进淋巴细胞与人脐静脉内皮细胞（HUVEC）的黏附，作用于HUVEC而不作用于淋巴细胞，提示黄芪多糖可通过增强淋巴细胞与内皮细胞的黏附而促进淋巴细胞再循环，增加淋巴细胞与抗原的接触机会，从而扩大免疫反应，增强机体免疫功能。

（4）对红细胞免疫的促进作用。红细胞也和白细胞同样具有免疫功能。现已知红细胞具有免疫黏附、清除抗原、增强吞噬、激发淋巴细胞免疫及转运、销毁免疫复合物等功能。红细胞免疫功能主要是通过红细胞膜上所含的C3b受体介导来实现的。

黄芪多糖APS可升高红细胞C3b受体花环率、红细胞C3b受体花环促进率，同时可降低红细胞免疫复合物花环率、红细胞C3b受体花环抑制率，提示APS能提高RBC-C3b的免疫黏附功能，增加小鼠红细胞免疫功能。其机制可能与APS能增强红细胞膜超氧化物歧化酶的活性、降低红细胞膜过氧化脂质含量、抑制红细胞膜蛋白与收缩蛋白交联高聚物的形成、增加红细胞膜封闭度有关。

（二）对造血系统的影响

黄芪具有补气益胃、排毒生肌等功效，是诸多补血或补气方剂中的重要组成成分。黄芪多糖在长期骨髓细胞培养中可支持体外造血作用，提高小鼠骨髓有核细胞数和外周血白细胞数量，可升高化疗患者的白细胞，降低免疫抑制剂环磷酰胺、丝裂霉素等对机体免疫系统和造血系统的抑制作用，临床上用于肿瘤、自身免疫性疾病和器官移植等疾病的治疗等，其机制与促进造血干细胞的增殖及动员、促进血细胞的生成、促进造血细胞因子的分泌有关。

第一，刺激或支持体外造血作用及刺激基质细胞的增殖。APS可刺激体外长期骨髓细胞培养中干细胞的自我更新，增加成熟中性粒细胞释放，刺激骨髓基质细胞增殖，还可维持基质细胞层的存在。在体内，APS可能通过同样的机制发挥作用。采用长期骨髓细胞培养法，研究APS对骨髓细胞的影响。结果提示黄芪多糖在长期骨髓细胞培养中有支持体外造血的作用。

第二，促进造血细胞因子的分泌。造血细胞因子如粒细胞集落刺激因子（G-CSF）、粒细胞-巨噬细胞集落刺激因子（粒单系集落刺激因子）主要是由骨髓基质细胞、T细胞等多种细胞刺激产生的，能够促进各种不同血细胞的生成。人外周血单个核细胞(PBMC)也能产生 G-CSF、GM-CSF 等造血细胞因子。在体外注射黄芪多糖,能刺激人 PB-MC 产生 G-CSF 和粒单系集落刺激因子造血细胞因子,且呈明显的量效关系和时效关系。

第三,促进血细胞的生成机体的造血细胞均来源于造血干细胞。干细胞增殖分化成为各系的祖细胞,然后再发育成为各系血细胞,如红系集落(CFU-E)、红系爆式集落(BFU-E)、骨髓粒单集落(CFU-G)等。洪介民等应用甲基纤维素半固体培养法观察到黄芪多糖对小鼠骨髓细胞悬液产生 CFU-E、BFU-E、CFU-G 均有促进作用,提示黄芪多糖在促进造血细胞生长发育方面起着重要的作用。

第四,促进造血干细胞的增殖及动员作用。近年来,外周血干细胞自体及异体移植被越来越广泛地应用于治疗高剂量化疗后的癌症患者,如何有效地增加骨髓中造血干细胞的数量并将其动员到外周血中去是目前研究的一个热点,具有重要的临床应用价值。

在正常或经环磷酰胺化疗后的 C57BL/6 小鼠注射 APS,然后取骨髓细胞、外周血细胞及脾细胞,并用荧光抗体进行染色标记,用流式细胞仪检测小鼠造血干细胞数量变化。结果注射 APS 能使正常及化疗小鼠骨髓、脾及外周血中的造血干细胞有不同程度的增加。注射 APS 后第 4 天及第 6 天,小鼠骨髓中干细胞的数量均明显增加,证明 APS 能够有效地促进骨髓中造血干细胞的增殖,第 8 天时骨髓细胞数量恢复至正常水平,暗示一部分干细胞已经被动员至外周。说明 APS 同时具有促进造血干细胞增殖及将其动员到外周血中的作用。

(三)对骨代谢的影响

黄芪具有补气升阳、固表止汗、拔毒排脓、利水消肿和生肌等功效,对老年原发性骨质疏松、类固醇性骨质疏松、肝纤维化骨丢失均有显著疗效。

第一,对骨代谢的双向调节作用。骨质疏松症发病的病理生理主要与破骨细胞的活性增强和继发的成骨水平降低有关,其核心是骨转换调节失常。用 MTT 法及 ALP 比活性测定用含有黄芪多糖的培养液体外培养成骨细胞的条件下,成骨细胞的增殖率及细胞活性变化。结果低浓度黄芪多糖(0.5 mg/mL)及高浓度黄芪多糖(5.0 mg/mL)短期(2d)促进成骨细胞增殖;高浓度(5.0 mg/mL)长期(4d)抑制成骨细胞增殖,降低其活性,推测黄芪多糖可通过直接或间接的途径作用于成骨细胞,起到双向调节作用。

第二,对肝纤维化骨丢失的防治作用。通过用 CC14 灌胃小鼠,呈现典型的慢性肝损伤后肝纤维化的改变，且骨重量和骨钙总量及骨羟脯氨酸的含量明显减少，而黄芪多糖治疗组有明显的护肝及抗骨丢失作用，其作用优于秋水仙碱治疗组，提示黄芪多糖对肝纤维化及骨丢失有一定预防作用。

（四）清除自由基，抗衰老

正常机体的自由基氧化作用与抗氧化防御作用处于动态平衡状态，当清除自由基的酶和非酶系统的防御功能减退时，这种动态平衡失调，就会导致生物体老化和诱发疾病。黄芪多糖中含有一定浓度的微量元素硒对细胞集落生长起刺激作用。硒与细胞的多种酶类关系密切，辅酶 Q 的合成明显地需要硒的存在，硒已证明是谷胱甘肽过氧化酶的一个组成部分，这种酶可以保护细胞免受生物氧化过程的损害。

黄芪多糖可延缓人胚胎肺二倍体细胞的自然衰老过程，能使细胞寿命长达 83～98 代，延长寿命 1/3 左右；用黄嘌呤-黄嘌呤氧化酶造成大鼠心肌细胞和离体心脏的自由基损伤，APS 治疗后心肌细胞动作电位幅值、超射、最大舒张电位、阈电位、最大除极速度、自发发放频率等指标的改变及离体心脏功能指标的下降均有明显改善。这与黄芪多糖能清除自由基、降低细胞内过氧化脂质水平、防辐射、抗染色体突变等能力有关。

第一，清除自由基。用邻苯三酚自氧化比色分析法和芬顿反应法检测到黄芪多糖对 O_2^-、OH 有较强的清除作用，且清除能力与浓度呈明显的量效关系。APS 可明显提高创伤小鼠体内自由基清除的活性，降低创伤后血清及淋巴细胞内过氧化脂质水平，从而提高创伤小鼠淋巴细胞膜的流动性，这可能是其保护淋巴细胞膜结构的作用途径。

第二，降低细胞内过氧化脂质水平。黄芪多糖可明显降低衰老大鼠血浆中过氧化脂质的含量，通过镜检观察到衰老大鼠脾脏组织脂褐素颗粒量多而聚集，APS 治疗后脂褐素颗粒明显减少和散在，并呈剂量依赖关系。

第三，抗染色体突变。APS 对由微波辐射所致的肾功能的损害具有良好的防护及治疗作用，并可修复由微波辐射诱发的染色体损伤，即具抗突变作用。

（五）对糖尿病的治疗

黄芪多糖具有双向性调节血糖、改善糖尿病大鼠的物质代谢、下调糖尿病大鼠 TGF-β_1 的蛋白含量及其 mRNA 的过度表达等作用，对 NOD 小鼠 1 型糖尿病具有预防作用，并已用于 2 型糖尿病的临床治疗。

第一，双向性调节血糖的作用。在动物实验中发现 APS 具有双向性调节血糖的作用,APS对正常小鼠的血糖含量无明显影响,但却使葡萄糖负荷后的小鼠血糖水平显著下降,并能明显对抗肾上腺素引起的小鼠血糖升高的反应和苯乙双胍致小鼠实验性低血糖,而对胰岛素性低血糖无明显影响。

第二,改善物质代谢。检测了APS的治疗对STZ大鼠血清代谢指标血糖、FMN、TG等的影响。结果表明,APS治疗组血糖、FMN、TG等的影响明显低于对照组,提示APS治疗改善了糖尿病大鼠的糖、脂肪代谢紊乱,且APS改善糖尿病糖代谢并不通过促进胰岛素的释放,其作用机制有待于进一步研究。

第三,下调糖尿病。大鼠TGF-β_1的蛋白含量及其mRNA的过度表达。体外研究证实,高糖可刺激系膜细胞肾组织,转化生长因子(β_1)mRNA的表达和活性,细胞产生的内源性β_1介导了高糖导致的细胞外介质(ECM)成分的积聚,并介导血管紧张素Ⅱ对ECM堆积的促进作用和对ECM降解的抑制作用。因此,TGF-β_1已成为糖尿病肾病治疗的靶点,抑制其在肾脏的过度表达或阻断其作用是控制肾小球硬化进展、防治或延缓糖尿病肾病发生、发展的一条有效途径。

黄芪多糖(APS)对链脲佐菌素(STZ)诱导的糖尿病大鼠肾功能β_1的含量及其表达的影响。APS治疗9周后,糖尿病大鼠肾组织内TGF相蛋白含量及其mRNA的过度表达均有明显下调,与此同时,其肾脏病变包括肾脏肥大、肾小球高滤过状态及尿蛋白排出增加等情况均有不同程度的减轻,GSI与未治疗组相比有明显下降。说明TGF-β_1对糖尿病大鼠的肾脏病变有改善作用,其作用机制与下调肾组织中TGF-β_1的过度表达、减少其蛋白含量有关。

三、灵芝多糖的开发应用

灵芝多糖的结构具有多糖异样性,目前已分离到灵芝多糖200多种,其中大部分为β-葡聚糖,少数为α-葡聚糖。多糖链由多股单糖链构成,是一种螺旋状立体构形物,螺旋层之间主要以氢键固定,相对分子质量从数百到数十万。除一小部分小分子多糖外,大多不溶于高浓度乙醇,而溶于热水。

近年来,有研究者利用生物工程技术,将无机锗和硒加入灵芝菌深层发酵培养液中,通过菌丝体内物质代谢转化,将元素结合于大分子多糖上,成为多糖络合物,经测定其与多糖的结合率达90%以上,且抑制作用比灵芝多糖强。

（一）抗癌作用

灵芝多糖中有抗癌活性的主要是多糖、蛋白多糖及其衍生物。灵芝多糖对小鼠肉瘤S180细胞和其他一些癌细胞具有杀伤能力，这可能是灵芝多糖在防治癌症宿主防御机制中作为一种生物反应调节剂通过加强机体内NK细胞活性和T辅助细胞产生IL-2、γ-干扰素而实现的。灵芝多糖肽可抑制小鼠实验性肿瘤的生长，并明显延长荷瘤小鼠的生存期。

（二）免疫调节作用

灵芝多糖能促进正常小鼠的免疫功能，对应激和免疫抑制药及抗肿瘤药所致的小鼠免疫功能抑制具有恢复作用，还能恢复老年小鼠降低的免疫反应，并增强老年小鼠脾细胞内DNA多聚酶的活性。将来自灵芝子实体的多糖进行口服或腹腔注射给药，实验表明动物机体的记忆力、噬菌作用及T细胞对免疫球蛋白抗体的应答均获得增强。

灵芝多糖肽直接地使遭受抑制的免疫细胞的功能得以恢复，产生功能性拮抗作用；灵芝多糖可在抗原递增阶段，促进P815肿瘤冻融抗原冲击致敏DC所诱导的特异性CTL的杀伤活性，其机制可能是通过γ-IFN以及颗粒酶B途径的调节。

（三）降血糖作用

灵芝多糖A和灵芝多糖B是灵芝多糖组分中具有降血糖作用的主要成分。其中，人们对灵芝多糖B的研究更为彻底。在服用灵芝多糖B后3～7 h内，血糖浓度明显下降。其作用机制主要有：①提高血液中胰岛素含量从而加强对血糖的降解；②通过提高葡萄糖激酶、磷酸果糖激酶和6-磷酸葡萄糖脱氢酶活力以及降低6-磷酸葡萄糖酶活力，从而加速葡萄糖在肝细胞内的代谢；③通过抑制葡萄糖合成途径中关键酶活力来抑制体内葡萄糖的合成。

（四）其他作用

第一，促进蛋白质和核酸合成。灵芝多糖D6能够增强血清、肝和骨髓中蛋白质的合成，也能促进骨髓中DNA和RNA的合成。

第二，抗炎活性。在两种炎症模型上检验了抗炎活性，表明来自灵芝的葡聚糖能够抑制水肿炎症。

第三，辐射保护。从松杉灵芝提取而来的多糖能够用于预防辐射引起的小鼠骨髓细胞中微核的形成，这种辐射保护的效能可与胱氨酸相比。

第四，抗病毒活性。灵芝中一种酸性蛋白多糖(含多糖40%、蛋白7.8%)有抗疱疹病毒(HSV-1和HSV-2)活性。对Vero和HEP-2细胞的EC50在300～520 g/mL。它的SI大于20。进一步发现，这种酸性蛋白多糖是通过结合到HSV特异的与黏附和穿透相关的糖蛋白上而起杀菌作用的。

第五章　皂苷及其开发应用研究

皂苷是苷元为三萜或螺旋甾烷类化合物的一类糖苷，主要分布于陆地高等植物中，也少量存在于海星和海参等海洋生物中。本章对皂苷的结构与性质、皂苷的主要功能表现、皂苷的生产技术、植物皂苷的生物活性及应用、皂苷植物资源的开发应用进行论述。

第一节　皂苷的结构与性质阐释

皂苷是一类广泛分布于开花植物的糖苷化合物，主要分两类：三萜皂苷类和甾基皂苷类。此类化合物具有一定的两性性质，可降低两相表面的张力，因而可起到类似于肥皂的效果而得名。此外，它们还具有一定的溶血活性、对鱼毒害活性。

早期人们对皂苷类化合物的关注，是由于含有此类化合物的植物往往是一类可治疗诸多疾病的中草药的缘故。近年来，随着新型分离、结构鉴定及生物活性评价技术的普及，不断地从不同植物中发现新型的生物活性皂苷类化合物。尽管如此，含有活性皂苷的膳食植物却不多，只有小扁豆、大豆、花生、鹰嘴豆及菠菜等。一些药食两用而且富含皂苷化合物的植物也经常为人们所摄食，如人参、甘草等。

不同植物来源的皂苷类化合物的化学结构明显不同，甚至一种植物中都含有一系列结构相似的化合物。皂苷类化合物化学结构及分布的复杂性，极大地阻碍了人们对它们的认识及了解。不过，至今人们仍积累了皂苷类化合物的大量相关数据，基本明确了常见植物的皂苷类化合物的化学结构及活性。特别对一些植物（如大豆、人参或甘草）的皂苷类化合物，还进行较深入且较全面的研究，并取得了一定的进展，同时揭示了它们作为一类全新的生物活性物质所具有的广阔应用前景。

植物中的皂苷类化合物为甾基皂苷，或三萜皂苷类化合物。不同来源的皂苷类化合物的化学组成存在很大的差异，主要表现包括：①配基或苷元的类型，如甾基或三萜；②糖基结合于配基的位点，如仅位于一个碳为单糖苷化合物，或者位于两个碳则为双糖苷化合物；③结合于配基的糖基的类型及数目；④存在除糖基外的其他功能性基团。

目前，以人参、甘草及大豆等少数几种植物的皂苷化合物的研究最为透彻。

第一，人参皂苷。人参的皂苷化合物是四环的达玛烷低聚糖苷化合物。这是最早发现的天然存在的达玛烷皂苷化合物。这些特征达玛烷皂苷化合物，称为人参皂苷，主要归为两类：20(S)-原人参二醇糖苷化合物和20(S)-原人参三醇糖苷化合物。主要的人参皂苷化合物包括人参皂苷 Rb_1、Rb_2、Rc、Rd、Re、Rf、Rg_1 等。

第二，甘草皂苷。所有甘草植物都含有一种呈甜味的三萜类皂苷化合物，甘草苷。它是甘草的主要皂苷化合物，含量相当高，平均为4%～5%(干基)。当然，甘草中还含有其他一些皂苷或类黄酮化合物，不过含量较低。

甘草苷是甘草酸的葡萄糖醛酸化合物。至今，研究人员从甘草植物分离到的皂苷化合物大多为齐墩果烷型三萜皂苷化合物。

第三，大豆皂苷。大豆中存在以大豆皂苷B为配基的大豆皂苷Ⅰ、Ⅱ、Ⅲ、Ⅳ和Ⅴ型五种，以及以大豆皂苷原A为配基的大豆皂苷A1、A2、A3、A4、A5、A6六种。如果操作条件温和的话，还可分离到C-22末端糖链全乙酰化的A系列大豆皂苷，大久保等把此类成分命名为Aa～Ah。在发现DDMP大豆皂苷之前，大豆皂苷B为配基的B系列大豆皂苷分别命名为Ba、Bb、Bb′、Bc以及Bc′，而以大豆皂苷E为配基的E系列名为Bd和Be。

影响植物食品中的皂苷含量的因素很多，既有一些天然的因素，也有一些加工的因素。食品加工处理降低了一些食品中的皂苷含量。譬如，浸泡处理及罐头制造就较大程度地降低了一些食品中的皂苷含量。不过，损失最大的要数简单的“浸提”，此操作几乎可滤去所有水溶的皂苷化合物，而且也引起一些皂苷化合物的降解或者化学结构的变化。在温度为140℃的条件下，皂苷与铁的相互作用也发生相类似的降解现象。

第二节 皂苷的主要功能表现

皂苷类化合物具有大量的生理功能或药理功能，包括与癌症相关的活性、刺激或增强免疫、消炎、抗肝中毒、改善心血管活性及对中枢神经系统的效果等。

一、与癌症相关的活性

很多皂苷化合物具有一定的细胞毒害效果(体外)、抗肿瘤效果(体内)及化学预防效果(体外及体内)。

皂苷类化合物对大量癌症细胞系具有不同程度的体外细胞毒性。皂苷化合物的碳水化合物取代基对其胞毒活性有很大的影响。C-28 位的糖链的断裂显著地降低了它们的胞毒活性,而且 C-28 位存在不同糖基所体现出的胞毒活性也有所差异。譬如,G-28 存在 fuc-rha-xyl-rha 糖基具有较强的胞毒活性,而存在双糖则活性更低。对于 3 位,存在一个单糖或双糖似乎对它们的胞毒活性影响不大。不过,如果 3-OH 空闲的话,它的胞毒活性则明显下降。

皂苷化合物的胞毒活性的作用机制主要有两种:细胞凋亡和对细胞膜的破坏。

(一)抗肿瘤活性

橐吾属来源的一种皂苷可以显著地降低肿瘤的尺寸大小,但其抗肿瘤效果是与浓度相依。皂苷的抗肿瘤效果的作用机制,可能是一种刺激免疫活性的作用。

目前,已有大量研究检讨了人参皂苷的抗肿瘤效果,发现此类化合物不仅可抑制肿瘤诱导的血管增生、入侵及转移以及肿瘤生长,而且还可控制肿瘤细胞的显性表达以及分化。譬如,通过口腔分别给予小鼠人参萃取物、人参皂苷 Rb_1、Rb_2、Rc 以及其主要代谢物 protopanaxadiol 20-O-葡萄糖苷,结果对小鼠的肺肿瘤转移都有显著的抑制效果。

(二)化学预防效果

化学致癌过程中,启动阶段(或突变过程)涉及致癌原对靶细胞的直接作用,而促进阶段/发展阶段则为已启动的细胞受刺激发生增殖,从而形成肿瘤细胞。抑制肿瘤的启动过程(致变作用)及促进过程是预防癌症最有效的方法。几乎所有皂苷化合物的化学预防研究,都是针对抗肿瘤促进阶段的活性。

二、对免疫系统的活性

(一)免疫刺激剂与佐剂

1. 免疫刺激剂

免疫刺激剂的作用模式涉及内容包括:①增加粒细胞(细胞质中含有颗粒的一类白细胞)及巨噬细胞的噬菌作用;②激活 T-辅助细胞;③刺激细胞分开及淋巴细胞的转化。体外筛选免疫刺激剂的合适体系是人粒细胞、巨噬细胞及淋巴细胞的培养。

在体外粒细胞噬菌作用试验中,浓度介于 10~100 μg/mL 的 Silene 属来源的皂苷化合物具有增强这种作用的潜力。在体外实验中,皂苷类化合物也可诱导细胞分裂素的产生。另外,皂苷类化合物还可诱导巨噬细胞产生胞内白细胞素-1、肿瘤坏死因子及粒单系集落刺激因子。

2. 免疫佐剂

开发疫苗过程中遇到的主要问题是它们的免疫活性很弱。因此,有必要添加一种免疫佐剂以提高一种抗原的免疫活性,即增加抗体及 T-淋巴细胞的产生。至今,批准用作人类免疫佐剂的仅只有铝盐,不过后者的辅佐活性相对较低。

最早发现皂苷类化合物的辅佐活性是在 1920 年,而应用于兽医疫苗则是在 1951 年。Quillaja 皂苷化合物可增强小鼠的免疫球蛋白、影响 Ag-同型特异分布、刺激 IgG2a 与诸多抗原相结合、增强对非特异抗原的免疫反应等。

皂苷化合物用作免疫佐剂过程中所遇到的主要问题是它们溶血活性所带来的一些副作用。尽管大多市售的皂苷化合物都具有较高的溶血活性,但是具有较低溶血活性的皂苷化合物仍有不少。

皂苷化合物的免疫辅佐活性不仅仅限于 Quillaja 植物的皂苷化合物。不过,除此皂苷外,其他皂苷化合物被研究作为免疫佐剂的确实不多。可喜的是,目前已发现一些皂苷化合物与甾醇形成复合物后,其溶血活性大为下降。此发现解决了不同来源的很多皂苷化合物应用于免疫佐剂配方的关键难题。

(二)肝保护活性

抗肝中毒活性定义为抑制肝损伤的药物或试剂所体现出来的属性。目前,评价该活性的体系主要有两种:一种是基于测试化合物对培养鼠肝细胞中由 CCl_4 及半乳糖胺(Gal-N)诱导的细胞毒害性的保护作用。另一种是损伤模型,由一种体外免疫肝损伤构成。此两种模型都是通过测量释放至血清中的转氨酶(GPT)及谷氨酰草酰乙酰转氨酶(GOT)的水平,以评价经过处理后的细胞损伤情况。

甘草苷及柴胡皂苷是人们最为熟悉的具有肝保护活性的 oleanene-型皂苷化合物。近年来,发现大豆皂苷及齐墩果酸-型皂苷类化合物也具有一定的肝保护活性。经过检讨,发现 C-3 位存在的糖基对于这种活性起着非常重要的作用。

(三)心血管活性

人参皂苷化合物的预防心血管疾病效果:①一些化合物可降低心房或心肌细胞的收缩力及频率,其效果呈剂量相关;②一些化合物可抑制心肌局部缺血再灌注损伤,该效果已在体内得到确证,其作用机制似乎与其抑制脂质过氧化作用相关。

茶叶皂苷具有一种持久的降压效果,该效果几乎与常见降血压药物相当;从葱属植物分离到一种新型呋甾烷醇-皂苷化合物,即三角叶薯蓣混苷可显著地抑制由凝集剂诱导的血小板凝集。

此外,一些皂苷类化合物显示出较强的降胆固醇效果,不仅呈剂量相依地降低了胆固醇的吸收,从而降低了血浆及肝中胆固醇的含量,而且增加了粪便中胆固醇的排泄(增加达 2.5 倍)。至于皂苷化合物的降胆固醇机制,目前主要有两种,其一认为皂苷化合物可能在肠道与胆固醇形成复合物,从而直接地抑制它的吸收。其二则认为皂苷化合物通过干扰胆汁酸的肠肝循环,影响胆固醇的代谢,从而间接地起到降胆固醇效果。正由于此,它在预防或治疗动脉粥样硬化方面具有较大的潜在应用前景。

总之,近年来对大量皂苷化合物的生物或药理活性进行了广泛的研究,取得了一些可喜的成果。不过,把它们的生物或药理活性应用于药物或功能性食品的开发,仍有很多问题需要研究,包括皂苷化合物的构效关系、临床试验、代谢途径的研究等。

第三节 皂苷的生产技术分析

一、苜蓿皂苷的生产技术

苜蓿皂苷的制备工艺简单，提取成本低，收率高。苜蓿皂苷无毒性，应用安全，降胆固醇，降血脂等作用显著，抗动脉粥样硬化作用强。苜蓿皂苷的生产主要包括提取和精制两步，下面简单阐述苜蓿皂苷制品的生产工艺。

（一）苜蓿皂苷的提取

取苜蓿干草，切碎，用乙醇（浓度30%～60%）回流提取三次，其中乙醇的用量为：苜蓿/乙醇第一次为1∶(8～12)；第二次为1∶(6～10)；第三次为1∶(4～8)；合并提取液，过滤，滤液回收乙醇，浓缩，得一次浓缩液。

一次浓缩液的两种处理方法如下：

第一，一次浓缩液加95%乙醇，至乙醇浓度达65%～85%，搅匀，静置12～48 h，弃沉淀，上清液回收乙醇，得二次浓缩液。

第二，一次浓缩液加入大孔树脂柱中吸附（用量为苜蓿草∶大孔树脂＝(4～7)∶1)，先用水洗脱（水用量为大孔树脂∶水＝1∶(4～8)，弃水液，再用55%～75%乙醇洗脱（大孔树脂∶乙醇＝1∶(4～8)，收集乙醇洗脱液，回收乙醇，得二次浓缩液。

第三，将二次浓缩液喷雾或真空干燥，过筛，得苜蓿总皂苷粗提物。

（二）苜蓿皂苷的精制

二次浓缩液或所得干粉（粗提物），加入甲醇或乙酰或正丁醇溶剂，萃取或回流，其中溶剂的用量为苜蓿草∶溶剂＝1∶(1～3)，时间3～6 h。弃渣，溶剂回收，得浓缩液，喷雾或真空干燥，得精制苜蓿总皂苷。

二、大豆皂苷的生产技术

大豆皂苷的生物学、生理学和药学的活性试验都证明，大豆皂苷对人体无毒害作用，而且还有许多有益的生理功效：抗脂质氧化、抗自由基、抗血栓、增强免疫调节、抗肿瘤活性、抗病毒、减肥等。大豆皂苷的提取方法如下。

(一)大豆皂苷的有机溶剂法

称取一定量的脱脂大豆,20 目粉碎后,得到脱脂大豆粉,于锥形瓶中,然后向其中加入一定量的乙醇溶液,摇匀,在一定温度下浸泡一段时间,冷却后用布氏漏斗过滤。滤液经减压蒸馏浓缩到原体积的 1/7,再用等体积的饱和正丁醇溶液萃取过夜。

(二)大豆皂苷的吸附层析法

一般采用国产 AB-8 大孔吸附树脂,利用柱层析提取大豆皂苷。

第一,大豆皂苷的粗提。取一定量脱脂大豆,分别用不同浓度的乙醇溶液浸泡,在 80℃回馏,过滤得清液,浓缩后,待用。

第二,大豆皂苷的吸附层析提取。取粗提的大豆皂苷清液上柱,静置后,先用 2 倍体积去离子水洗去杂质,再用 3 倍体积乙醇溶液洗脱皂苷,收集后待用。树脂反复使用需用 3 倍体积甲醇再生。在提取过程中,分别考察了洗脱剂浓度和洗脱流速对大豆皂苷提取的影响。在考察洗脱剂浓度影响时,每次取 30mL 粗提大豆皂苷清液原料,分别用不同浓度的乙醇溶液洗脱,洗脱流速为 $9.5\times10^{-3}\mathrm{m}\cdot\mathrm{min}^{-1}$。考察流速的变化对大豆皂苷提取的影响时,通过检测洗脱液中大豆皂苷及蛋白质、总糖含量,以得到高产、高纯的大豆皂苷为目的,确定吸附层析法提取大豆皂苷的最佳条件。

有机溶剂提取法,这种提取工艺溶剂用量大,得到的产品纯度不高;而层析法具有耗费溶剂量少、回收率较高的特点,且流程较少,较为简单。

三、绞股蓝皂苷的生产技术

绞股蓝皂苷,为葫芦科植物绞股蓝的干燥地上部分,又名七叶胆、甘茶蔓、小苦药、公罗锅底。乌足状复叶对生,花单性异株,花小,淡绿白色。全草入药,清热解毒,止咳祛痰。山坡林缘、沟渠边、灌丛间可发现。它具有清热解毒、止咳祛疾之功能。

绞股蓝皂苷被认为是绞股蓝中的主要功效成分,绞股蓝皂苷具有人参皂苷的适应原作用,是一种强化剂和免疫增强剂,同时具有抗衰老、抗肿瘤、抗溃疡、抗紧张、抗疲劳的活性及镇静、镇痛、催眠、降血脂、促进细胞新陈代谢、滋润皮肤美容、治疗白发、补肾虚等生理功能。

绞股蓝皂苷具有人参皂的适应原作用,除对心血管系统、消化系统、神经系统等方面的疾病有防治作用外，还具有抗衰老、抗疲劳、抗肿瘤、清除自由基、增强免疫等活性及降血脂、降血糖、镇静、催眠、治偏头痛、治哮喘、美容、治疗白发、补肾虚等生理功效。

水解绞股蓝皂苷，可以分出人参二醇和2α-羟基人参二醇。其中，人参二醇组皂苷对中枢神经具有抑制作用，镇静安神、镇痛、清热解毒功效好；人参三醇组皂苷对中枢神经具有兴奋作用，抗疲劳、促进蛋白质、RNA、DNA及脂质生物合成作用显著。这里应该指出的是绞股蓝皂苷只含二醇组皂苷而无三醇组皂苷，故无人参皂苷的双重调节作用。

此外，还可以用低碳醇有机溶液提取绞股蓝皂苷，树脂吸附，氧化铝脱色等工序，分离得到绞股蓝总苷；采用水法蒸煮提取，大孔树脂吸附，乙醇洗脱，回收干燥、醇沉精制得到绞股蓝总苷，省略了氧化铝脱色工艺，物料消耗低，收得率与纯度高，成本低。

（一）绞股蓝皂苷的提取

目前，常用的绞股蓝皂苷提取方法主要有两种，即醇提法和水提法。醇提法得率较高，而水提法则较简便，其他杂质较多。

第一，水提法。取绞股蓝全草切碎，加水至料面加热提取 4 h，滤出提取液，残渣加水至料面加热再摄取 3～4 h，滤出摄取液。将提取液合并浓缩至所需浓度。必要时可在提取液中加入等体积乙醇，过滤后浓缩至所需浓度并回收乙醇。

第二，醇提法。绞股蓝皂苷的结构特点决定了它是一种亲水性的高分子化合物，可溶于含水甲醇、乙醇、正丁醇中。因此可用甲醇、乙醇等有机溶剂来提取绞股蓝皂苷。取干燥绞股蓝全草切碎，再加入 95%乙醇，加热回流提取 3 h，滤出提取液。残渣再加乙醇加热回流提取 2～3 h，滤出提取液，提取液合并浓缩至所需浓度，并回收乙醇。

（二）绞股蓝皂苷的提纯

绞股蓝皂苷提取液颜色较深，含杂质较多，配制一般带色食品饮料尚可，但配制浅色食品该料或作药用，则需要将绞股蓝皂苷提取液进一步脱色精制，除去色素或杂质。目前，绞股蓝皂苷提取液脱色精制方法已有多种，如液-液萃取法、树脂法、树脂-吸附剂法等。

1. 液-液萃取法

绞股蓝皂苷粗提液用乙醇（或石油醚）脱脂后，可用水饱和的正丁醇（或乙酸乙酯）进行液-液两相萃取，得绞股蓝总皂苷。具体操作包括将绞股蓝皂苷提取液浓缩至干，残渣加少量甲醇溶解并移入分液漏斗中加适量水，用乙髓脱脂 2～3 次，再加水饱和的正丁醇浸摇提取 6～8 次，合并正丁醇提取液，减压蒸馏回收溶剂。正丁醇提取物溶于少量甲醇中，溶液缓倾入 10 倍量的丙酮中使之沉淀，如此重复 2～3 次，直至无黄白色沉淀生成为止，合并沉淀，再溶于少量甲醇中，在 10 倍量的丙酮中处理 2 次，沉淀减压干燥，得到精制的总皂苷。

上述方法制得的总皂苷纯度较高，但手续烦琐，药剂耗量较多，在生产上应用有一定困难。目前在生产上较实用的是树脂法和混合法。

2. 树脂法

树脂吸附分离技术的应用原理是采用特殊的吸附剂，利用其吸附性和筛选性相结合，选择吸附待分离物中的有效成分，去除无效成分。树脂法具有工艺流程短、得率高、纯度高等特点，特别适用于分离纯化皂苷类成分及大规模生产。具体操作如下：

将绞股蓝原料经过除杂、切碎，水煮沸 1～2 h，分离出的上清液经过树脂柱吸附，用 10%～30%乙醇去杂后，用 60%～95%乙醇洗脱，回收乙醇，经浓缩干燥处理得到总皂苷制品。

用大网状吸附树脂法提取绞股蓝皂苷，采用水浸提，D_{101} 型非极性大网状树脂富集纯化，活性炭脱色的方法制备绞股蓝皂苷，具有方法简便，得率恒定，成品质量稳定，纯度较高等特点，本工艺方法，适用于工业生产。提取方法如下：

取绞股蓝粗粉，煎煮提取 3 次，每次 1 h，滤取煎煮液，合并，加碱调 pH9～10，放置过滤的清液。待清液全部进入已准备好的大网状吸附树脂柱（树脂量干重为 250 g）中，用 0.5mol/LNaOH 洗涤，至流出液呈淡黄色，再以水洗至流出液清亮或 pH 呈中性为止，然后用 95%乙醇洗脱，收集醇洗脱液，至无绞股蓝皂苷洗出为止上层。醇洗脱液加入少量活性炭回流 30 min，趁热抽滤，得滤液，减压回收乙醇至干，得粉末状绞股蓝皂苷。

大孔吸附树脂法也有一些缺点，如操作技术要求高，生产设备投资大，树脂再生较复杂且成本高，水提液过滤要求严，生产中不易达到，成品脂溶性杂质多而亲水性差等。

3. 树脂-吸附剂法

树脂-吸附剂法是将绞股蓝原料经过除杂、切碎、提取之后，过滤，清液经过树脂柱，用水洗涤，再用 20%甲醇洗涤，最后用甲醇洗脱，减压浓缩，干燥得黄褐色粉末。将粉末溶于甲醇中,过吸附柱,用50%甲醇洗脱,再浓缩干燥得绞股蓝总皂苷制品。

四、人参皂苷生产的关键技术

“人参属于五加科植物的根茎,是我国传统的名贵中药药材。”①常生于海拔数百米的针阔叶混交林或杂木林下,分布于黑龙江、吉林、辽宁和河北北部的深山中。由于人参在地理分布上的局限性,以及生长周期长、对生态环境的要求比较苛刻,再加上病虫害严重的影响,导致天然野生人参数量很少,而人工栽培人参也无法很好解决上述问题。

细胞工程技术可以在人为控制条件下,通过无性繁殖获得具有生物活性的生物碱、皂苷类、萜类、多酚类等化合物,并且可以进行新品种的快速培育。经过多年的发展,我国已在人参愈伤组织与细胞、再分化根、激素自养型色素细胞和原生质体培养与植株再生等研究领域取得了重大进展。

人参及其皂苷,尤其是 Rg_1 和 Rb_1,具有易化学习记忆过程、调节体温、抗脂质过氧化、促进蛋白质合成、选择性增强老年大鼠免疫功能、易化与衰老有关的行为活动和运动反应等生理功效。

人参植株的根、茎、叶、果肉和实生苗外植体,都容易诱导发生愈伤组织,嫩茎的愈伤组织发生较快、诱导率较高;根的愈伤组织发生较慢、诱导率较低。

人参愈伤组织的诱导,首先将人参外植体清洗干净,用汞溶液消毒灭菌,经蒸馏水漂洗后切成小块,在无菌条件下接种到琼脂培养基[pH5.8,(23±2)℃]上,暗处进行诱导培养。每月转接一次,将愈伤组织从母体剥离,转移到新的培养基上进行继代培养,扩大繁殖量。每一次继代培养过程中,人参愈伤组织的生长是不均衡的。从转移开始培养到细胞增长停止的一个培养周期中,可以分为延迟期、对数生长期、直线生长期、减慢期和静止期。

人参愈伤组织的继代培养,组织生长速度逐渐加快,2～3年后达到高峰,并且在一定时期内维持较高生长速度。4年后,可能由于不良的培养条件及自身生命力的衰变,组织生长速度开始下降。因此,应当保持继代培养

① 李贵明,李燕.人参皂苷药理作用研究现状[J].中国临床药理学杂志,2020,36(8):1024.

过程中培养条件的相对稳定。每隔一定时间,通过适当处理和挑选种子组织材料,恢复其生活力,可以使以后的10年内,人参愈伤组织生活力保持与继代培养7年时间的水平相当。

第四节　植物皂苷的生物活性及应用

一、植物皂苷的生物活性

第一,调节免疫功能。添加了黄芪皂苷后,小鼠的免疫力明显提高了,黄芪皂苷能够促进B、T淋巴细胞增殖,让细胞免疫能力增强,骨髓加速生长。将50 μg人参皂苷 Rg_1 注射到小鼠的颈部,γ-干扰素和白细胞介素分泌明显增多,细胞和体液的免疫反应也增强了。胸腺和脾脏是十分重要的免疫器官,身体内的病原体、老去的细胞等都会被免疫器官清除,T细胞也会在免疫器官的促进下不断成熟。给免疫力较低的小鼠喂了人参皂苷 Rh_1 后,小鼠的胸腺和脾脏指数不断上升,机体内的免疫反应被激发,这一实验说明人参皂苷 Rh_1 能引起小鼠的免疫功能。

第二,抗肿瘤作用。

诱导肿瘤细胞凋亡。人参皂苷 Rb_1 可抑制肺癌细胞增殖,在人参皂苷 Rb_1、Rb_2 和 Rg_1 的作用下,肺癌A549细胞蛋白凋亡显著,证实人参皂苷能够提高Caspase-3和Caspase-8蛋白的表达水平。植物皂苷主要是通过诱导癌细胞的凋亡起到抗肿瘤作用。

抑制肿瘤转移与侵袭。柴胡皂苷D能够降低TNF-α的表达,从而抑制肿瘤细胞的扩散。观察9种中药对人的肝癌细胞系和人胰腺癌细胞系的抗肿瘤作用,发现20 μg/mL柴胡皂苷-D、黄芪皂苷均可抑制50%人肝癌细胞系生长,而50 μg/mL柴胡皂苷-A能够抑制被测所有细胞系生长和DNA合成。黄芩中的黄芩素和黄芩皂苷也可防治艾滋病病毒(HIV)。

第三,抗氧化活性。植物皂苷对氧化酶的活性起到重要的调节作用,多余的活性氧(ROS)会被清除,从而实现抗氧化。

在皂苷的作用下,15.5%~68.7%的羟自由基(·OH)会被降低,原本96.6%的超氧自由基清除活性会下降到7.05%。柴胡皂苷能清除DPPH自由基,此时超氧阴离子会被阻碍生长,小鼠肝细胞的毒素也会大大降低。

如果 H_2O_2 超过一定的数量，就会损伤细胞，此时添加柴胡皂苷 D 就能够有效减缓细胞的衰老和死亡，让过氧化物歧化酶(SOD)活性和总抗氧化能力得以提高，神经元氧化应激也会在 MAPK 信号通路的作用下减轻。

第四，调节中枢神经系统。人参皂苷对减轻大鼠的抑郁也有一定的作用，它能够提高海马中神经递质 5-羟色胺的含量。通过血脑屏障，植物皂苷会对中枢神经系统起到促进作用，调节体内激素和神经递质水平，如刺五加皂苷 B 进入血脑屏障后能够发挥巨大的促进作用。血脑屏障是保护大脑的，隔离脑组织和血液，保证大脑整体的稳定和各项功能的正常运转。

植物皂苷能够促进免疫力提高，还可以抗癌、抗氧化、调节机体代谢等。通过血脑屏障，皂苷能够直接作用于中枢神经系统，调节体内激素和神经递质水平。如刺五加皂苷 B 进入血脑屏障后就能够发挥巨大的促进作用。

二、植物皂苷在植物体内的生物功能

甾醇化合物可调控膜的流动性，也可促进膜对温度的适应性。游离甾醇的羟基结构对于其生物活性相当重要，因为它可促使甾醇与膜中的磷脂或蛋白质发生特定的相互作用。甾基糖苷或酰化甾基糖苷在膜中与游离型甾醇共存，其碳水化合物基团主要分布于水相区域。

从体外膜的研究来看，甾醇分子可嵌入膜，其侧链进入疏水性中心，与磷脂或蛋白质的脂肪酰链相互作用。典型的植物甾醇(豆甾醇、谷甾醇以及菜油甾醇)在膜中起着限制脂肪酰链流动的作用。所有植物甾醇化合物都可以调节膜的流动性，然而不同甾醇的效率会有所不同。其中，以谷甾醇及菜油甾醇的效率最高。与之相比，豆甾醇在 C-22 位由于具有一个反式的双键，因而其调节膜流动的效率就差一些。

C-24 位的立体化学结构也妨碍了甾醇-膜的相互作用。谷甾醇及菜油甾醇可有效地降低大豆磷脂双层膜的渗透性。豆甾醇的效率较差。可见，酰基链顺序与水渗透性之间存在较好的相关性。

甾醇还参与膜相关代谢过程的控制，后者涉及一些甾醇的生物作用。甾醇在细胞及植物的生长过程中也起着重要的作用，作为芸薹类甾醇的前体物质。它们也是大量二级代谢物(如糖苷生物碱、卡烯丙酯以及皂苷等)的前体物质。

甾醇化合物在细胞分化及增殖中也起着一定的作用。它们在植物籽或油中的积累很可能是作为新型细胞生长所需的储藏物。植物籽发芽之后会合成活性甾醇,然而随籽的成熟度逐渐下降。甾基酯的生物作用,还涉及甾醇化合物的储藏及输送。

此外,植物甾醇可调控玉米根部膜的 ATPase 的活性。胆固醇及豆甾醇在较低浓度下会模仿 H^+ 的输出,但是其他甾醇却都是抑制剂。由此推测,它们可能通过一种与胆固醇在动物细胞中活化 Na^+/K^+-ATPase 相似的机制起作用。特定甾醇分子也可能参与一些信号输送,这一点也与胆固醇在哺乳动物中的相关功能近似。

三、植物皂苷在动物生产中生物活性的应用

第一,对单胃动物产生的影响。植物皂苷可以提高动物的免疫力,促进内分泌,让动物的食欲增加,从而更好地生长,优化生产性能。评价鸡蛋的质量,主要参考的因素有蛋壳质量、蛋形指数、蛋黄颜色和蛋白质量。如在 460 日龄的褐壳蛋鸡饲料中添加苜蓿皂苷后,蛋黄颜色会变深,并且大大提高了鸡蛋的质量;苜蓿皂苷也让肥育猪的抗氧化能力大大增强。动物吃了苜蓿皂苷后,体内的高密度脂蛋白胆固醇含量增加了,这样血清、肝脏和肌肉中的胆固醇就不会沉积在体内,从而提高仔猪的体脂代谢能力。

第二,对反刍动物产生的影响。皂苷对反刍动物瘤胃的发酵起到良好的促进作用,帮助分解饲料,控制原虫的数量。饲料中含有丰富的蛋白质原醇,可以将这些蛋白质分解,从而生成 NH_3-N,但是 NH_3-N 不能用来合成蛋白质,因此如果原虫减少,反刍动物瘤胃中的 NH_3-N 的浓度也会降低。

苜蓿皂苷属于植物皂苷,具有良好的抗氧化性,绵羊摄入苜蓿皂苷后,体内肌肉滴水损失和脂肪沉积会降低,提高肌肉质量,研究发现,在绵羊每天的饲料中添加 1~2 g/kg 的苜蓿皂苷,会提高绵羊肉的质量。蒺藜皂苷能够让瘤胃内环境保持稳定,促进瘤胃发酵,促进反刍动物更好地生长,而且可以替代抗生素添加在饲料中。研究发现,在热应激条件下,从柴胡中提取的物质能够促进奶牛产奶,大大增强奶牛的抗氧化能力,这也是缓解热应激的一种新方法,可以让奶牛更健康。

第三,对鱼类产生的影响。皂苷会损害鱼的呼吸道上皮细胞,所以它对鱼具有毒害作用,在很多传统的毒鱼物质中都作为添加物。如果水中有浓度较低的皂苷,则鱼会出现一系列应激反应。如果将鲈鱼放在每升水含有 5 mg 皂苷中 24 h,则其体内红细胞、血红蛋白和氧气摄入量都会增加。

皂苷树皂苷会损害沙门鱼和鲑鱼的肠黏膜。在鲤鱼和罗非鱼每日的饲

粮中加入 150 mg・kg^{-1} 皂苷树皂苷，其生长速度会变快，对养分也会有更高的利用率。如果持续在饲粮中添加皂苷树皂苷，则会促进鲤鱼的生长，而丝兰皂苷没有这一促进作用。50～200m・kg^{-1} 的三七总皂苷会让罗非鱼的体质量增加率、生长率、蛋白质效率等大大提高。

第五节　皂苷植物资源的开发应用

一、人参皂苷的资源开发

人参包含人参皂苷、人参炔醇、β-榄香烯等挥发性成分，以及单糖（葡萄糖、果糖等）、双糖（蔗糖、麦芽糖等）、三聚糖、低分子肽、多种氨基酸（苏氨酸、β-氨基丁酸、β-氨基异丁酸）、延胡索酸、琥珀酸、马来酸、苹果酸、枸橼酸、酒石酸；还有软脂酸、硬脂酸、亚油酸、胆碱、维生素 B、维生素 C、果胶、伊谷甾醇及其葡萄糖苷，以及锰、砷等化合物。其中主要成分是人参皂苷，“人参皂苷是人参中的主要活性成分，具有抗氧化、抗肿瘤、提高免疫功能和改善神经系统等作用”[①]。

（一）人参稀有皂苷的研究开发

稀有人参皂苷 Rh_2、人参皂苷 R_0、人参皂苷 Rh_3、人参皂苷 Rg_3 和人参皂苷 Rg_5 等，只存在于红参和野山参中。其具有很高的生理活性：如人参皂苷 Rh_2、人参皂苷 Rh_3 和人参皂苷 Rh_1 具有高抗癌作用，人参皂苷 Rg_3 具有软化血管和抗癌功能等。因此，人参稀有皂苷具有极高的药用价值和应用前景。

目前要重视人参皂苷的代谢化学研究，现在已经发现某些代谢产物的生物活性较强。研究重点主要是人参皂苷 Rb_1、Rb_2、Rg_1 等成分，但是人参皂苷的代谢还需要进一步研究，希望未来能够发现人参皂苷在体内的吸收和分布情况，对人参皂苷的药理作用进行详细的阐述并寻找新的活性化合物。

对单体生物活性的研究也十分重要，这样便于排除其他成分，进一步明确其药理作用。如人参皂苷 Rb_1 能够抑制中枢神经，但人参皂苷 Rg_1 则能

① 万茜淋，吴新民，刘淑莹，等. 人参皂苷参与调控神经系统功能的研究进展[J]. 中药药理与临床，2020，36(6)：230.

够让中枢神经保持兴奋。此外,研究多种单体皂苷成分之间的关系也有助于发现具有较强活性的化合物。

目前,单体化合物多集中于人参皂苷 Rg_1、Rb_1、Re、Rb_2 等含量较高成分。其他成分及非皂苷成分有待深入研究和反复验证。值得提及的是人参在胃和肠道中代谢产物以及红参与白参中特有成分的药理活性研究应给予重视。赵雷等对大鼠粪便作电喷雾质谱(ESI-MS)测定,发现人参皂苷 Rb_1 分子中的糖基容易受到肠道内细菌的水解作用。

总而言之,研究单体化合物有助于进一步揭示人参的生物活性,阐明人参的药用价值。现在的研究正在进一步明确人参的药理作用,未来药理学研究的热点是通过恰当的方式将活性化合物筛选出来。这样既可以同时筛选不同的药理活性,又可以让药理活性的评价指标多样化。

(二)人参皂苷的人工合成

人参皂苷是从人参中提取的活性成分,因为技术的局限,现在还不能进行合成,医疗中使用的人参皂苷都是从人参的根茎中提取的。所以,有些需要使用单体皂苷的新药开发比较困难,因为单体皂苷本身含量就较少,活性也较强。

国外的学者经过研究成功合成了人参皂苷 Rh_2 及与之相似的物质,但还有赖于未来进一步研究。目前有些化合物的活性已经明确,对其稍加改造,或许能找到活性更强的化合物,将其运用到人参皂苷的改造中,或许人参皂苷未来将发挥更大的作用。

(三)人参提取物的发展趋势

人参及其制品目前在世界上已达数百种之多,随着人们保健的需要,人参及其制品将有一个更大发展,其发展趋势如下:

第一,发展标准化的人参标准提取物。人参单体成分在制剂中差别较大,势必会影响疗效,主要是因为所用原料及提取方法不同。因此为确保疗效,要发展标准化人参提取物。

第二,发展无农药残留、无重金属残留。人参制品长期毒性试验表明,人参皂苷 Rh_2 口服对正常大鼠、犬的神经系统、呼吸系统、心血管系统无明显影响。其口服应用具有很高的安全性,可以作为功能食品或药品进行开发。

第三,单体化合物制剂也是一个发展趋势。正由于单体皂苷作用不同,有必要制成单体皂苷制剂。现在已证明抗心律失常以人参皂苷 Re 和人参

皂苷 Rg_2 较强，抗肿瘤人参皂苷 Rh_2 和人参皂苷 Rg_3 较强。高瑞兰在研究人参皂苷治疗难治性血液病及对造血相关基因的转录调控时，首次单用中药有效成分人参皂苷胶囊治疗难治性血液病血小板减少性紫癜和再生障碍性贫血，其疗效明显优于现用的常规疗法。因此，单体化合物制剂有望开发成为高效、低副作用的新药。

二、红景天苷

红景天是生长在纯净无污染环境下的一种珍贵药用植物，红景天系景天科，属草本或亚灌木植物，别名大红七、大和七，藏语称为“所罗玛波”，是东方黄金植物，有“仙赐草”“东方神草”“黄金植物”“高原人参”等美誉。

红景天含有丰富的营养成分，有“适应原”功效，比人参还珍贵，而且红景天在中国已有一定的药用历史，在此启迪之下，近年国内将其作为强壮药物，并开发多种制剂、保健食品及饮料，用于延缓衰老、老年心力衰竭、镇静、糖尿病等。

（一）红景天苷的性状与化学成分

第一，采收加工。采挖红景天的季节为秋季，而且要等到茎叶枯萎时，将残损的茎叶和泥土去除，然后晒干。最好不要春天采挖，因为相比于花果期，春季发芽开花前红景天苷的含量只有一半。

第二，药材性状。红景天的根茎是红褐色的，主根长 20～50cm，粗 1～4.5cm，形状大致是圆锥形的，根茎顶端有很多分枝，顶芽是枯萎的，就像狮子头一样。闻起来有淡淡的玫瑰香味，味涩。根茎有很多的分枝，长短粗细不是参差不齐的，而是均匀的，没有杂质，单株超过 40 g 的最好。

第三，化学成分。红景天的主要有效成分有红景天苷及其苷元，即对酪醇、黑蚁素、藏红花醛。此外，尚含淀粉、脂肪、蜡、有机酸、蛋白质、黄酮类化合物、酚类化合物及微量挥发油，以及生物活性的微量元素（铁、铅、锌、银、锡、钴、钛、钼、锰等元素）。红景天含人体需要的 17 种氨基酸，其中 7 种是人体不能合成但又必需的氨基酸，21 种微量元素及多种维生素、挥发油等成分。这些生物活性物质具有很高的营养价值和广泛的实用性。

（二）红景天苷的药理学作用

红景天主要以根和根茎入药，全株也可入药。红景天含有 100 种左右的化学成分，是一类具有天然“配方”的黄金草本植物，在抗缺氧、抗疲劳、抗寒、调节人体免疫等方面均优于人参、刺五加。

红景天具有较强的生物活性，能够有效调节人体中枢神经系统，卫生部门研究发现，红景天具有诸多功效，如缓解疲劳、抗衰老、防辐射、防癌、消炎、解毒、增强人体免疫力和记忆力、活血化瘀等，能够激发人体细胞活性，能有效调节人体神经系统、改善血液循环、提高新陈代谢能力等。通常情况下，服用人参后会感觉燥热，而服用红景天制剂则不会出现这种现象，没有过多的副作用，可以有效改善身体机能，促进新陈代谢，保持人体内环境的稳定。

红景天的主要功效如下：

第一，对神经系统的作用。红景天素能增强脑干网状细胞的兴奋性，激活脑皮层感觉区的自发电位活动，增强脑对光、电刺激应答反应的电位活动。

一是中枢神经抑制作用。红景天对中枢神经介质有影响（能降低脑中5-羟色胺的水平）。用水煎服红景天会让小鼠保持更长的睡眠时间；对抗咖啡因对小鼠产生的副作用。红景天苷也能有效抑制小鼠的自发活动，就像镇静剂一样。

二是双向调节作用。红景天有助于增强人体记忆力，让人变得更聪明，而且可以缓解疲劳，集中注意力；能够缩短心律，保持血压稳定，也可以用于预防和治疗因噪声污染导致的听觉疾病和神经衰弱症。此外，红景天还能调节人体中枢神经，使之保持平衡，改善睡眠，提高睡眠质量，增强体质。

第二，抗疲劳作用。红景天水煎剂能延长小鼠在冰水中游泳时间；红景天提取物和红景天苷能延长小鼠负重游泳时间，减少小鼠游泳后血清尿素氮的含量和血中乳酸含量，实现抗疲劳作用；红景天提取物能延长小鼠抓棒至疲劳的时间。临床药理研究证明，红景天制剂均能改善志愿受试者的体力及智力、工作能力指数，特别是在疲劳情况下可使工作错误率减低，能提高文字校对时的效率，降低心率并使血压恢复正常。

第三，强心作用。红景天水煎剂和红景天苷可使心脏收缩幅度增加。红景天苷可使巴比妥钠麻醉的猫血压上升 20～25 mmHg。在体蛙心实验证明皮下注射高山红景天苷 200 mg/mL，可使蛙心收缩幅度明显增大，比给药前增加 128.6%，说明红景天苷有明显的强心作用。

第四，抗炎作用。用水煎服红景天可以有效消除浮肿，给小鼠注射了松节油后，会导致体内白细胞增加，而红景天苷则能起到很好的抑制作用。红景天浸膏能让肾上腺皮质兴奋起来。

第五，抑制血糖升高的作用。用水煎服红景天和提取的红景天苷都能有效缓解因肾上腺素导致的血糖升高。在此基础上，研究人员从高山红景天中提取了总多糖，并进一步研究其对血糖、肝糖原血总脂的影响。研究结果显示，红景天苷能有效降低血糖和血脂，红景天粗提物对血虚证小鼠的造血祖细胞及外周血各血液成分有刺激增生、保护和修复功能。

第六，抗过氧化作用。红景天苷在体外试验对大鼠肝匀浆内过氧化脂质的生成以及对大鼠脑和心匀浆内过氧化脂质的生成都起到抑制作用，多次给小鼠喂药可以防止小鼠血清生成过氧化脂质，也能抑制小鼠脑、心和肝内的过氧化物的生成。

第七，抗微波辐射的作用。在微波辐射的情况下，大脑 5-HT 和脾淋巴细胞转化率会下降，而红景天苷就有很好的抗微波辐射作用。提高人体淋巴细胞转化率，让白细胞恢复正常。

第八，毒性小红。红景天水煎剂给小鼠静脉注射，测得 LD_{50} 为(328±4.1)g/kg，给小鼠注射红景天苷 3 g/kg 观察 5 天未见毒性反应和死亡。给小鼠静脉注射红景天苷元，测得 LD_{50} 为(1130±23) mg/kg。

第九，对免疫系统的影响。红景天素可提高小鼠腹腔巨噬细胞吞噬功能。红景天多糖对正常小鼠外周血白细胞数及胸腺重量无明显影响，但能促进正常小鼠脾脏淋巴细胞转化及提高 NK 细胞杀伤活性。

第十，抗衰老作用。经动物实验表明，红景天醇提取物可促进 2BS 细胞增殖，降低细胞死亡率，抑制肝细胞内脂褐素的形成，降低酸性磷酸酶活性，增强血清 SOD 活性，降低脑组织中 LPO 和 MDA 水平，从而实现抗衰老作用。给 14 月龄的衰老早期小鼠灌服红景天粉 1～2 g/kg，每日 1 次，连续 6 周，可明显降低血、肝和睾丸中的过氧化脂质(LPO)和睾丸的脂褐素(LPF)含量，其作用强度优于人参。

第十一，对内分泌系统的影响。红景天能增强家兔肾上腺功能，兴奋小鼠发情期及兴奋小鼠及大鼠卵巢的内分泌功能。

第十二，抗辐射作用。红景天素对 X 射线照射损伤的小鼠，有降低其骨髓嗜多染红细胞微核产生率、抑制过氧化脂质形成的作用。

第十三，抗毒和抗病毒作用。小鼠士的宁、棒状杆菌毒素及烈性毒物氮化钠中毒后，红景天素的治疗效果很好，可以防止 CoXB6 病毒吸附在宿主细胞上，也能抑制 CoXB6 病毒的生长和繁殖。

第十四，抗肿瘤作用。红景天有良好的抗肿瘤作用，一些人因患癌而化疗、放疗后白细胞会降低，红景天可使白细胞恢复，改善人体的虚弱症状。在体外培养的人体喉癌细胞，其生长和分裂会被红景天素抑制，合成糖原，从而对喉癌起到很好的治疗作用。

第十五,抗缺氧作用。红景天能降低机体的整体耗氧,同时还能加大动静脉的氧压差。在脑循环障碍缺氧、心肌缺血缺氧、中毒性缺氧、低压缺氧情况下,它通过增加血红蛋白与氧的结合能力,提高血氧饱和度,增加供氧量。常氧或缺氧条件下,红景天浸膏口服,能明显提高小鼠心肌的耐缺氧能力;红景天素注射给药,可明显提高小鼠常压耐缺氧能力。

第十六,影响物质代谢。红景天使蛋白酶的活性大大增强,分解蛋白质,让小鼠代谢速度加快,肌肉中的 ATP 和 DNA 水平提高,在运动情况下,血液中的乳酸含量和氧气消耗的速度也降低了。

此外,红景天还具有的作用包括:①滋补强壮,对老年心力衰竭和阳痿有治疗作用,提高体力和脑力劳动机能;②干燥根茎的粉末或浸剂用于糖尿病、肺结核和贫血;③对神经病和低血压也有作用。

另外,红景天味甘、性温,有强壮的功能。广泛用于抗衰老、抗缺氧和提高脑力及体力机能等方面,西藏民间常用红景天来治疗咳血、咯血、肺炎、咳嗽和妇女白带等症。用于老年心力衰竭、抗疲劳、镇静、糖尿病等。红景天中含有效成分为红景天苷及挥发油、黄酮、甾醇、有机酸、微量元素等,在民间常作为强壮剂使用,用来治疗老年心力衰竭、疲乏无力、阳痿、糖尿病、慢性肝病等。经实验研究证明,红景天有中枢兴奋作用,能加强记忆力。

(三)红景天苷的开发利用

人们在食品和医药行业对红景天资源进行了深度开发,并得到了国内外人士的广泛关注,如根据红景天的保健功用,从中提取生理活性成分,已经研发了一系列红景天保健产品,其中包括化妆品和保健食品,如红景天面包、面条、药酒、饮料、泡茶等,这些保健品主要用于旅游、休闲和日常保健,能有效抗疲劳、增强人体活力。此外,还能满足特殊人群的营养需求,如长时间从事脑力和体力的工作者、缺乏运动和身体虚弱的人,以及记忆力减退的人。

第六章　植物甾醇及其开发应用研究

近年来，植物甾醇由于其安全性和有效的抗炎活性而受到广泛关注。本章对植物甾醇的结构与性质、植物甾醇的主要功能表现、植物甾醇及其相关醇化合物的生产技术、功能性植物甾醇食品开发应用、甾醇在调节植物生长发育中的研究进行论述。

第一节　植物甾醇的结构与性质阐释

植物甾醇广泛地存在于不同植物及水生生物中，至今已分离鉴定达250多种。其中，最有代表性的有谷甾醇、豆甾醇、菜油甾醇及4-脱甲基甾醇。植物性原料中最主要的甾醇化合物为谷甾醇，其次为22-脱氢类似物豆甾醇及菜油甾醇。有的还存在芸薹甾醇及燕麦甾醇。

植物甾醇的化学结构类似于胆固醇，两者差异之处仅在于侧链。例如，谷甾醇及豆甾醇的C-24位有一个乙基团，而菜油甾醇的相同位置却是一个甲基团。至于它们的饱和形式，即植物甾烷醇，在植物中的分布则相当有限。例如，5-饱和植物甾烷醇、谷甾烷醇及樟甾烷醇仅存在于一些植物原料，如小麦及黑麦。胆甾烷醇或二氢胆固醇的形成与胆固醇相一致。

植物性原料（特别是植物油）不仅含有游离型和酯化型的甾醇，还含有相应的甾醇基糖苷。这些化合物可进一步酯化形成酰化甾醇基糖苷。游离甾醇有时还包括甾烷醇糖苷及酰化甾醇基糖苷，可嵌入细胞膜。正如哺乳动物细胞的胆固醇，植物甾醇化合物也对细胞结构及相关功能起着重要的作用。植物甾醇基酯位于植物细胞内，作为主要的储藏化合物。这一点与哺乳动物中的胆甾基酯相似。植物油富含植物甾醇基酯化合物。除维持植物细胞膜的功能外，植物甾醇化合物还是大量植物生长因子的前体物质。

目前，人们通常膳食的植物甾醇水平为200～300 mg/d。从膳食中摄取的植物甾醇量越高，胆固醇的吸收就更低，从而血清胆固醇水平也就越低。不同植物甾醇或甾烷醇制品，包括甾醇或甾烷醇酯都具有相类似的降血清胆固醇效果。也就是说，只有采用适当处理方法，才能使难溶的植物甾醇形式同样具有与溶解性能更好的甾烷酯一样的效果。这一研究成果必将使人们对植物甾醇的开发及应用的兴趣更加高涨。

一、植物甾醇的化学结构及物化性质

（一）植物甾醇的化学结构

植物甾醇为类甾醇化合物，它们的化学结构及生物功能与动物中的主要甾醇化合物——胆固醇非常相似。植物甾醇与胆固醇都是由角鲨烯生物合成而来，而且都可合成大量三萜类化合物。它们的化学结构由一个四环——环戊烯并[a]菲环，以及一条位于 C-17 碳原子的长侧链构成。此四环（A，B，C，D）都由反式（trans）环接头，形成一个平坦的 α 系统。它们的侧链以及两个甲基（C-18，C-19）与环结构之间存在一定的角度，而且位于平面之上，因而具有 β 立体化学结构。而且，由于其侧链位置一般为 20R 构象，于是甾醇化合物就在分子的顶部以及底部建立一个平表面，后者可允许坚固的甾醇核心与膜基质之间产生多重的疏水性相互作用。通常，C-3 位的羟基也有 β 立体化学结构。基本甾醇化合物 5α-cholestan-3β 醇的化学结构。与该基本结构相比，胆固醇的化学结构只多含一个双键。

根据化学结构及生物合成途径，植物甾醇大致可分为 4-脱甲基甾醇、4α-单甲基甾醇及 4，4-双甲基甾醇三类。4，4-双甲基甾醇和 4α-单甲基甾醇是植物甾醇的前体物质，其存在的量比相应的终端植物生物活性物质产物 4-脱甲基甾醇要低得多。

（二）植物甾醇的物化性质

植物甾醇化合物呈亲脂性，可作为膜组分。它们主要分布于血浆膜、线粒体及内质网的外膜，很大程度上决定了这些膜的属性。游离甾醇可刚好嵌入至膜，因为游离甾醇的总体长度实际上与一个磷脂单层相同（约 2.1 nm）。

植物甾醇通常以固体状形式存在。其中，豆甾醇、菜油甾醇及谷甾醇的熔点分别为 140℃、157～158℃及 170℃。一般来说，一个甾醇分子的侧链基团越大，其疏水性就越强。因此，具有 28 个或 29 个碳原子的植物甾醇的疏水性就比 27 个碳原子的更高，而且形成的胶束的溶解度更低。它们的侧链存在双键也使亲脂性变得更强。尽管如此，游离型甾醇及甾基酯化合物在非极性溶剂（如己烷）中却是可溶的。不过，为了使甾基糖苷化合物溶解于非极性溶剂，还需加入一些极性调节剂。

甾醇化合物的氧化反应是调控其储藏过程及稳定性的一个重要化学反应。胆固醇的氧化机制已被广泛地研究，并且得以明确，而其他 Δ^5-甾醇化合物的氧化机制似乎也遵循相同的途径。热、光、金属污染物或氧诱导形成的自由基很容易攻击植物甾醇环结构中的双键，因此它也遵循与其他不饱和脂质的氧化过程相同的化学反应，即启动了一个自动催化的自由基链式反应。此外，活性氧及氧化酶也可引发植物甾醇的氧化。

二、植物甾醇在植物类食物中的分布与影响因素

（一）植物甾醇的食物来源

1. 植物油

植物油及相关油制品的甾醇含量最为丰富，其次为谷物制品及坚果类。油脂及谷物制品是植物甾醇最重要的膳食来源，如素食人群的每日甾醇的摄取量几乎可达 1 g/d，而非素食人群的植物甾醇摄取量要比素食人群少得多。另外，每日摄食量还受人群的膳食习惯的影响。那些富含贝类（如蛤、牡蛎及扇贝）的膳食含有更高含量的芸薹甾醇、Δ^5-燕麦甾醇、22-脱氢胆固醇及菜油甾醇。植物甾烷醇的摄取量似乎大致为通常植物甾醇膳食摄取量的 10%。

(1)总甾醇量。玉米、菜籽、米糠及小麦胚芽油的甾醇含量更高。

(2)不同甾醇的比例。植物油中最主要的甾醇为 4-脱甲基甾醇化合物。有一项研究分析了 13 种粗制植物油，发现大部分的 4-脱甲基甾醇化合物的比例都超过 85%，而谷甾醇通常占所有脱甲基甾醇化合物的一半以上。其他较重要的脱甲基甾醇化合物还包括菜油甾醇、豆甾醇、Δ^5-燕麦甾醇、Δ^7-燕麦甾醇及 Δ^7-豆甾醇。芸薹甾醇是菜籽及其他十字花科植物的一种典型甾醇。另外，甾烷醇化合物在小麦麸皮及纤维油中含量较多。

近年来，米糠油中的 4,4-双甲基甾醇引起世人的较多关注。环阿屯醇、24-亚甲基环阿屯醇及环缺皮醇的阿魏酸酯，与一些脱甲基阿魏酸酯是一种称为“γ-谷维素”商品的组成成分。橄榄油及亚麻油含有大量双甲基甾醇化合物。其中，环阿屯醇及 24-亚甲基环阿屯醇为主要的成分。

单甲基甾醇化合物的分布及含量相对较少。通常，它们在粗制植物油中的含量仅为 70～780 mg/kg。主要的单甲基甾醇化合物有纯菇菌醇、禾

本甾醇、环桉树醇及柑橘二烯醇。

(3)结合甾醇结构。植物油的甾醇通常以游离型和脂肪酸酯型两种形式存在,而脂肪酸酯主要为亚油酸酯和油酸酯。可能存在于粗制油的糖苷化合物,在精制过程中几乎完全降解。游离型甾醇及甾基脂肪酯的比例随油品种的不同而明显不同。在大豆、橄榄及向日葵油中,游离型甾醇为主要成分,为57%～82%,然而在菜籽油、鳄梨及玉米油中游离型甾醇仅占总植物甾醇的33%～38%。

游离型及甾基脂肪酸组分的甾醇组成存在一些差异。譬如,花生油的游离型甾醇组分比酯型组分存在更多的豆甾醇及更少的菜油甾醇,然而玉米油的游离型甾醇组分却包含更少的Δ^5-燕麦甾醇及更多的菜油甾醇。芝麻油的甾基酯组分含有较高含量的生物合成途径——“早期”甾醇(甲基甾醇、Δ^7-甾醇及菜油甾醇),与之相比,其游离型组分含有较多后期甾醇化合物。

(4)变化。基因因素、生长、储藏条件甚至加工条件都会影响油籽的甾醇含量。如比较17种大豆基因型的植物甾醇含量,结果发现它们的含量相差甚大。谷甾醇总是主要的甾醇化合物,然而总甾醇含量占不皂化物的比例范围较大(6%～51%)。其中,谷甾醇约占总甾醇含量的35%～59%,豆甾醇为12%～20%,而菜油甾醇为6%～22%。另外一项研究则显示,尽管不同大豆品种的甾醇绝对含量存在较大的差异,然而不同甾醇组成的相对比例却基本保持一致。

不同植物经基因改良对植物油的甾醇组成会有较显著的影响。譬如,基因改良菜籽油中的芸薹甾醇含量范围为0.85～1.89 g/kg,而对照组为2.00 g/kg;菜油甾醇为2.05～2.64 g/kg(对照组为4.21 g/kg),而谷甾醇为4.57～5.09 g/kg(对照组为7.82 g/kg)。

2.谷物制品

(1)甾醇含量及组成。谷物中植物甾醇的存在形式,包括游离型甾醇、脂肪酸的甾基酯以及酚酸的糖苷。糖苷型甾醇在分析样品制备过程中会发生完全的降解。因当比较不同谷物时,可以看到它们的甾醇含量以及甾醇组成之间存在较大的差异。

其他磨制品的甾醇含量也存在较大的差异。对于黑麦及小麦,可清楚地看到研磨制品的甾醇含量与它们的灰分含量密切相关。在黑麦、小麦及玉米麸组分中,也存在许多甾烷醇化合物。

(2)结合甾醇结构。不同谷物组分中的甾醇类型也存在较大的差异。

在黑麦中，甾醇酯化合物占总甾醇量的 47%，而甾基糖苷约占 22%。大麦的相应数据为 45%和 14%。小麦中的游离型甾醇占总甾醇量的 58%，而燕麦的糖苷化合物特别丰富，其比例高达 41%。

甾基酚酸酯主要分布于谷物籽，对玉米及小麦的分离组织分析显示，内部果皮组织的酯化合物大都为阿魏酸酯。另外一项研究证实，玉米的谷甾烷基阿魏酸酯大都存在于此组织。因此，玉米湿磨中得到的一种富含果皮的纤维，或者干磨中所得的一种富含果皮的玉米麸，都含有较高含量的甾基阿魏酸酯。玉米的主要甾基酚酸酯为谷甾烷基及樟甾烷基阿魏酸酯，而谷甾基及樟甾基阿魏酸酯相对较少。

不同玉米品种中植物甾醇阿魏酸酯的总含量的范围为 25～225 mg/kg 籽，或者 0.89～4.11 mg/kg 油。湿磨过程的产物——玉米纤维，由外壳及其他细胞壁材料组成，似乎可作为从玉米中制取富含酚酸酯油的最佳原料。

玉米麸中酚酸酯的总含量为 93.3 mg/kg 湿重。玉米麸来源的甾基阿魏酸酯及力-香豆素酯的含量在 70～540 mg/kg 范围。玉米纤维中的甾基酚酸酯含量为 1100 mg/kg 纤维(67 g/kg 油)，然而脂肪酸酯的比例为 1900 mg/kg 纤维(90.5 g/kg 油)，而游离雷醇为 390 mg/kg(19.2 g/kg)，与玉米麸油相比，玉米纤维油含有更高含量的酯型化合物。在工业及实验室规模的湿磨过程中，几乎所有的酚酸酯化合物都可从纤维组分中回收。从实验室规模的干磨过程所得的麹皮(果皮)，仅可回收 20%的酯化合物。另外，玉米壳、麸皮及纤维的总甾基酚酸酯含量范围分别为 3.51～4.11 g/kg 油、8.2～14.0 g/kg 油及 16.8～57.1 g/kg 油。

米糠中主要以酚酸酯形式存在的甾醇化合物有环阿屯醇、24-亚甲基环阿屯醇、菜油甾醇、谷甾醇及环拉丁醇。从米糠油中分离鉴定了 γ-谷维素的 10 种组分。其中，三种主要组分分别为环阿屯基阿魏酸酯、24-亚甲基环安坦甾基阿魏酸酯及樟甾基阿魏酸酯。

米糠中的甾基阿魏酸酯及力-香豆素酯的总浓度约为 3.4 g/kg 糠或 15.7 g/kg 油。相比较而言，糙米含有更高含量的阿魏酸酯化合物，其含量为 15.3k/kg 油(或 456 mg/kg 籽)。不过，从米糠中萃取阿魏酸酯化合物的得率取决于萃取及加工条件。

在小麦、黑麦及黑小麦(一种小麦与黑麦的杂交麦)谷物中，也发现存在谷甾烷基及樟甾烷基阿魏酸酯，而谷甾基和樟甾基阿魏酸酯的含量相对少得多。无壳小麦中阿魏酸酯化合物的含量约为 53 mg/kg 籽(5.23 g/kg 油)，而大麦中约为 3.9 mg/kg(0.44 g/kg)。

3. 蔬菜及水果

由于蔬菜及水果的水分含量较高，通常不认为它们是甾醇的较好来源。尽管如此，此类制品中的甾醇含量也存在较大的差异。一项分析芬兰蔬菜的研究指出，它们的总甾醇含量范围为 50～370 mg/kg 湿重，而干基含量达 250～4100 mg/kg。其中，花椰菜的甾醇含量最高。水果中的相应含量为 60～750 mg/kg，而绝大多数制品中的干基浓度都超过 1000 mg/kg。平常丢弃的果皮及籽部位，含有比可食部分更高的甾醇含量。

果蔬中存在甾基酯及糖苷化合物，它们在果蔬组织中的含量取决于很多因素，包括成熟度、光、组织类型及生理状态，如发芽及老化。通常来说，酯型豆甾醇的比例要比游离型低得多。

（二）植物加工植物甾醇含量的影响

加工过程（特别是精制）对植物或植物油的甾醇含量有较大的影响，如脱除甾醇化合物，或者发生一些化学反应。废弃富含甾醇的部位，如果皮或籽，可能会导致大量甾醇的损失。植物油精炼过程也会降低一些甾醇化合物。导致甾醇含量下降及甾醇产物或组分发生变化的反应，包括氧化反应、水解、异构化以及其他分子内构象的变化，甚至脱氢反应等。

植物甾醇的氧化反应是含甾醇的植物原料加工及贮藏过程发生的一个主要反应。目前，对植物甾醇的氧化过程仍知之不多，不过可从胆固醇的场合得到一些启示，与胆固醇相比，植物甾醇具有更好的氧化稳定性。

1. 工业加工

（1）油精炼。在油精炼过程中，微量组分的损失幅度较大程度上取决于所采用的精炼条件。该过程往往会脱除一部分的植物甾醇或其他组分。而且，还可能会引发植物甾醇的氧化、异构化或其他分子内构象转变反应，水解以及脱氢等物化反应。

剧烈的物理精炼过程会导致燕麦甾醇异构化为游离甾醇以及不同结合甾醇类型也会损失，不过程度不同。精炼过程脱除了大部分糖苷及酚酸酯化合物。脱胶、碱精炼、脱色以及脱臭处理脱除的谷维素达 51%。精炼油的两种主要酚酸甾烷基酯化合物含量甚微。另外，甾基脂肪酸酯的损失程度比游离型甾醇稍低。精制过程中的甾醇损失及“转化”，可用于精炼油的鉴定。

（2）工业油炸过程。在高油炸温度下，可能会导致甾醇大量损失。不同甾醇化合物的稳定性在许多模型体系中已被详细研究。如果添加 0.1%游离型甾醇及甾基酯化合物于菜籽油和石蜡油，再于 180℃下加热处理，那决定甾醇稳定性的最重要因素就是甾基化合物的环结构。饱和谷甾烷醇在所有受试甾醇样中是最稳定的，麦角甾醇的环结构中含有两个双键，是一种最不稳定的甾醇。甾醇添加于菜籽油，加热处理 24 h 后，其残留量为 2%～73%。

大豆油于 180℃下每日加热处理 8 h 后，过夜冷却至室温，然后分析总加热时间为 24 h、48 h、72 h 以及 96 h 之后样品中的甾醇含量，结果发现它们的损失非常严重。氢化油中的甾醇损失率要高于脱臭油，这是由于氢化过程破坏了许多具有保护效果的化合物的缘故。氢化大豆油经 96 h 的加热处理后，其谷甾醇含量从 1520 mg/kg 油降至 1200 mg/kg 油。

2. 家庭加工

有关植物甾醇在家庭不同食品制备过程中的稳定性现有数据很少。根据少数文献，发现只有在深度油炸温度下，才会导致甾醇化合物明显损失。13 种蔬菜以及水果的植物甾醇在烹调过程中的损失情况，没烹调之前，其平均浓度为 L30 g/kg 干基，而烹调后样品中为 L28 g/kg 干基。可见，家庭烹调过程对甾醇的损失似乎影响不大。

微波以及通常加热处理对植物油的甾醇也有一定的影响。油经微波加热 120 min，温度维持在 170℃，或者于 180℃电子箱中处理 120 min，或者间歇暴露于微波能量下，结果发现未处理油与经处理油的甾醇含量之间没有明显的差异。

3. 植物甾醇的稳定性

食品储藏过程对植物甾醇含量的影响似乎不大。大多数实际场合中，储藏过程都不会引起总甾醇含量发生明显的变化。只有经长期储藏之后，才可能出现一些氧化产物。

研究 3 种小麦粉中植物甾醇的稳定性。于 12℃下储藏 5 年，总萃取的甾醇化合物几乎不变。然而，可观察到游离型甾醇的下降，而甾基酯化合物反而会有所增加。面粉中存在的一些脂肪酶的转酰基酶活性可能是导致这种酯化反应的原因。例如，面粉的游离甾醇化合物在 60 个月内从 218 mg/kg 下降至 90 mg/kg，然而总甾醇含量仅从 367 mg/kg 变化至 359 mg/kg。小麦粉样品经 3 个储藏时间(2 个月、8 个月以及 36 个月)后，都可检测到植物甾醇的氧化产物。这说明甾醇在储藏过程中或多或少会发生一定的氧化反应。而且，小麦样品中含有的不同甾醇化合物的稳定性也会不同。经过分析显示，它们包含较多甾醇化合物，而且含量不定，如 5,6α-环氧豆甾醇(5.4～55 mg/kg 脂质)、5,6β-环氧豆甾醇(0.2～29 mg/kg)、7α-羟基谷甾醇(9.3～118 mg/kg)及7β-羟基豆甾醇(9.7～126 mg/kg)。

另外,精炼大豆油的游离型谷甾醇在长时间储藏过程中较为稳定。4℃下储藏1年,游离谷甾醇氧化物几乎没出现什么变化。

三、植物甾醇的分析检测方法

对一种特定食品样品的植物甾醇进行定性和定量分析,一般是为了评价此类食品的植物甾醇含量对总膳食植物甾醇摄食量的贡献。为此,食品中的植物甾醇分析数据最好是采用同一种方法而得,而且也使它们的甾醇共纯物都完全水解,这样的话,就可以分析游离出甾醇总量(包括游离和结合植物甾醇)。然而,有时为了检测鉴别掺假植物油,还采用一些特定的植物甾醇分析方法。当检测植物油掺假时,分析人员的注意力往往集中于原料中的一些特征甾醇组分,如南瓜籽油中的菠菜甾醇。

植物甾醇分析中所采用的大多方法都来自胆固醇的分析,也就是说,大多适合于胆固醇分析的方法一般也适合于植物甾醇。目前,气相色谱分析(特别是毛细管柱GC)是一种最常用的植物甾醇分析方法,当然也有很多研究采用HPLC分析植物甾醇。采用GC测定植物甾醇,通常步骤包括:①从均质样品原料中萃取脂相;②碱水解(皂化);③萃取未皂化的组分;④澄清萃取液;⑤甾醇类化合物的衍生化;⑥采用毛细管柱GC对甾醇衍生物进行分离以及定量。至于HPLC,基本步骤也与GC测定方法相似,只是不需要进行衍生化处理,有时也不需要进行碱水解,此时可测定一些共轭型的植物甾醇。

以前,很多有关食品甾醇含量的数据是采用酶法及分光光度分析法而得。这些方法本身就存在较多的缺陷,如干扰因素多、特异性差等。对于仅测量总固醇含量的场合,这种缺陷表现得更为突出。为了减少一些方法所导致的植物甾醇含量值的偏差,应该而且必须采用一种有效的方法。通过评价并对比不同方法,选择合适的对比参照样品非常重要。选择一种植物甾醇含量明确的样品,再通过不同方法进行测量并比较,然后确定哪一种方法得到的数据更接近真实值,而且重复性最好,就采用哪种方法进行测量。

(一)样品制备

食品中植物甾醇的存在形式有游离型、甾基酯型、甾基糖苷型及酰化甾基糖苷型。一种样品制备过程应该能水解并释出这些共纯物中的所有甾醇，最后采用色谱分析。当分析植物甾醇的氧化产物时，还必须要考虑一些重要因素，如样品制备过程中尽量避免一些副产物的产生。

分析植物甾醇的常见方法，包括水解之前采用氯仿-甲醇-水溶剂体系进行总脂萃取；采用二氯甲烷替代氯仿，或异丙醇替代甲醇。用氯仿-甲醇萃取过程的甾醇回收率要高于其他方法。但是，全组织的脂质萃取物可能不包括以极性共轭物存在的甾醇，如带有较多碳水化合物单位的甾基糖苷，因为它们不溶于非极性脂相。

碱水解可使植物甾醇酯化合物释放出甾醇，经过此皂化步骤后，游离的甾醇可以作为一部分未皂化组分被萃取。测定多组分食品中的胆固醇含量，而且缩短了皂化步骤。

当使用碱水解的方法测量植物甾醇含量时，所测的总甾醇往往已包括游离型以及酯化型的甾醇。但是，甾基糖苷化合物几乎完全被忽略，因为带基以及碳水化合物基团之间的缩醛键在碱性条件下不能被水解。这就低估了样品原料中的总植物甾醇浓度。这样的问题在仅仅测胆固醇含量时就不会发生，因为后者几乎不以糖苷形式存在。

还有在碱水解之前先进行一种酸水解，可以使糖苷型甾醇游离出来。该法与未经酸水解步骤的平行方法相比，可增加总甾醇浓度达十分之几，增加程度的多少取决于食品原料(特别是它的带基糖苷浓度)。然而，Δ^5-燕麦甾醇和岩藻甾醇在酸性条件下不稳定，可见，采用酸水解步骤处理对于富含此类甾醇的样品不太合适。

食品脂质中的未皂化物，约占总原料的 1%，除甾醇外，还含有大量其他化合物，包括生育酚、类胡萝卜素以及其他碳氢化合物。未皂化物通常用一种非极性有机溶剂进行萃取，如环已烷、已烷或已烷-乙醚混合物。很多学者发现对可食油中的萃取物进行进一步的纯化处理非常有用，包括采用薄层色谱法(TLC)或柱色谱法。然而不难发现，如果采用平常的方法，而且包括以上几个步骤，就可能出现问题，因为这些技术都非常耗时，而且不利于自动化分析。而且，每个样品还需要几百毫升的有机溶剂。

在样品制备中，采用固相萃取(SPE)方法来替代上述的纯化步骤已成为人们的选择。正相或反相方式都可以分离甾醇组分。硅胶和一种非极性的 G8 凝胶柱都可用于对植物油的甾醇组分的纯化。比较 SPE 法和 TCL 法，指出这两种方法都可以准确地定量植物甾醇。也有研究比较了硅胶以及吸附材料纯化甾醇，结果两者效果也差不多。SPE 法的最大优点在于制备时间短，可同时进行几个样品的制备，而且对溶剂量的要求也要低得多。

最近，测量植物油的植物甾醇时提出一种不同的样品制备方法。运用硅胶SPE分离非糖苷组分，经SPE处理之前先对羟基进行硅酸盐化。接着，不用进一步的样品制备就可以用GC分析甾醇及生育酚。

(二)色谱分析

1. 气相色谱

甾醇三甲基硅酸酯化的毛细管气相色谱目前被认为是最佳的甾醇分析方法。以前，采用填充柱气相色谱分析甾醇，不能有效地使植物甾醇组分分离开来，甚至都不能分离很多常见的甾醇。例如，豆甾醇和羊毛甾醇就同时出峰。然而，采用现代的毛细管柱可很好地分离此类甾醇。一些新型的毛细管柱还可以使甾烷醇与其相应的甾醇很好地分离。

为了进一步提高它们的稳定性及分析灵敏度，气相色谱分析之前还经常对植物甾醇进行衍生化。植物甾醇最常见的衍生化过程为三甲基硅酸酯化，该衍生化过程可提供更高的耐热性、更低的极性，而且峰形也得到一定的改善。另外，也有一些气相色谱方法不采用衍生化。最新的气相色谱-质谱技术，不经衍生化就可以很好地分离定量不同植物甾醇。

植物甾醇分析方法通常要使用一种内标，内标应该在最初的步骤中添加，这是为了补偿萃取、转移、蒸发及衍生化过程中的损失。正确选择内标相当重要，否则就可能引发问题。

检测植物甾醇最常用的技术为火焰离子化检测(FID)。然而，GC与质谱联用已成为鉴定甾醇的一种重要方法，可评价洗脱峰的纯度。已有较多文献列出了不同甾醇的特征质谱数据。

2. 高效液相色谱

高效液相色谱可测定食品中的主要植物甾醇化合物。高效液相色谱方法对甾醇的破坏程度要低得多。通常，既可采用极性或“正相”高效液相色谱柱，也可采用“反相”高效液相色谱柱分离测量不同植物甾醇。

高效液相色谱法不能有效地使甾醇及相应的甾烷酸分离。对于反相HPLC采用短波UV检测(206～214 nm)。HPLC测量麦角甾醇是一种非常可靠的方法，因为麦角甾醇在一个特定波长(282 nm)有一个很强的紫外吸收峰，这很容易地使它与其他甾醇相分离。也有人采用HPLC分析酚酸的甾酯化合物。此类化合物可于长波UV区域被检测到，从而可使用反相柱分离酚酸的甾酯化合物。

3. 植物甾醇氧化产物的分析

植物原料中存在大量的植物甾醇，这使它们的氧化产物数量变得更加复杂，也使该类化合物的分析更具挑战性。植物甾醇氧化物的分析步骤一般由从植物原料中萃取总脂、脂质的皂化、甾醇氧化物的纯化或富集及色谱分析等组成。在样品制备过程中，必须要特别注意，尽量减少或避免副产物的形成及甾醇氧化物的进一步氧化，因为甾醇氧化物比甾醇更不稳定。因此，要避免接触高温、光及氧气。

尽管室温下的皂化过程需要很长时间，然而仍很有必要，因为在热碱溶液中环氧化合物及酮化合物容易被破坏，而且还会发生羟基及酮化合物的异构化反应。可以采用一种酶水解的方法来替代碱水解反应。氧化产物的极性大多比天然甾醇更大，皂化后的未皂化成分最好采用极性更强的有机溶剂（与未氧化甾醇的分析相比）萃取，如采用乙醇，而不是已烷。

已使用制备型 TLC 和 SPE 纯化甾醇氧化物，去除多余的甾醇化合物。硅胶板采用相对极性的洗脱液，如庚烷/乙酸乙酯（1∶1）和二乙髓/环乙烷（9∶1）。利用硅胶及氨基丙烷相的 SPE 法用于分离甾醇氧化物相当有效，而且重复性也好。然而，TLC 相对于 SPE 的优点在于一些极性较低的甾醇氧化物也可以被很好地分离。

纯化后的植物甾醇氧化物的定性及定量分析可采用毛细管气相色谱，不过需要三甲基硅酸酯衍生化处理。高效液相色谱也被广泛地用于胆固醇氧化物的分析。

第二节 植物甾醇的主要功能表现

一、植物甾醇的消费量及影响因素

（一）植物甾醇的消费量

正常膳食中的植物甾醇数量与 CHOL 的吸收、血清总-CHOL 及 LDL-CHOL 量呈负相关。素食人群的植物甾醇（特别是谷甾醇）的摄食量比非素食人群高 2～3 倍。非素食人群血清的甾醇含量为 270～350 μg/dL。而且，在素食人群的血清以及胆汁中植物甾醇的清空时间，也比非素食人群要高。

CHOL的吸收及血清CHOL的下降,体内CHOL合成的增加与CHOL的吸收呈负相关(PV0.01)。血清总CHOL及LDL-CHOL浓度与CHOL呈正相关(PV0.05),与膳食植物甾醇及CHOL的合成呈负相关(两者FV0.05)。血清植物甾醇与CHOL的比例与其膳食摄取量及胆汁排泄量呈正相关(PV0.001),与CHOL合成也呈正相关(PV0.001),然而与CHOL的吸收呈负相关(PV0.05)。非素食人群对谷甾醇及菜油甾醇的吸收率(从胆汁分泌液以及粪便中测量)分别为3.1%和12.4%。尽管素食人群的膳食植物甾醇摄食量较高,然而对这两种植物甾醇的吸收率却非常相似,分别为3.7%和9.4%。素食人群摄入CHOL,尽管增加了CHOL的吸收及血清LDL-CHOL的水平,然而对血清或胆汁的植物甾醇量却没有任何的影响。

富含植物甾醇的膳食可增加不同植物甾醇在小孩血清中的浓度。摄食含有300～400 mg/d的配方膳食的小孩,其血清谷甾醇以及菜油甾醇浓度要高出摄食低植物甾醇膳食的3～5倍。菜油甾醇的最高浓度可达17.6 mg/dL,而谷甾醇为9.8 mg/dL。此结果与植物甾醇血症患者中的浓度相似。该值远高于成年素食人群对植物甾醇的摄食量。可见,小孩对植物甾醇的吸收可能较高。

(二)植物甾醇的摄食效果

不同饮食习惯影响植物甾醇的摄食效果,而且需多少量的植物甾醇才能具有一定的效果,这是许多研究人员及消费者都关心的问题。如从疾病预防角度来看,谷甾醇的用量范围为0.5～6 g/d,或谷甾烷醇为0.6～l.5 g/d时,平均可降低10%的胆固醇。因为血液中的胆固醇含量减少10%,可降低50岁患心脏病的概率达50%,70岁时达20%。由于个人体质以及饮食的差异,植物甾醇降低胆固醇的有效用量,可能因人而异。一般而言,植物甾醇的每日摄取量约需达到每日膳食中胆固醇摄取量的4～6倍才能抑制胆固醇吸收,从而达到较佳的抑制胆固醇效果。而且,植物甾醇最好与餐食同时摄取。

植物甾醇降低胆固醇的效果,也受到饮食中胆固醇含量的影响。当饮食中的胆固醇含量不高时,则无法显示其抑制胆固醇吸收的效果。

(三)植物甾醇的摄入与影响因素

1. 植物甾醇的摄入

20 世纪 50 年代之后,采用植物甾醇降低高胆固醇血症患者的血清胆固醇水平,通常需要很大的剂量。尽管早期人们进行了大量有关植物甾醇降血胆固醇的临床试验,然而对它们的兴趣仍有所下降。后面人们逐渐意识到,血清植物甾醇(特别是菜油甾醇)的上升有可能会引发植物甾醇血症。于是,人们的焦点开始转向于一些亲脂剂的引入。对植物甾醇兴趣下降的另外一个原因是较难测量摄食难溶甾醇化合物所产生的效果。遗传性的谷甾醇血症表现出很强的动脉粥样硬化倾向,主要是血清谷甾醇及菜油甾醇的浓度明显增加之后,会引起急性心肌梗死。

20 世纪 70 年代的动物研究显示,植物甾烷醇几乎不被人体吸收,从而抑制了胆固醇的吸收,进而显示出比植物甾醇更强的降血清胆固醇效果。然而,它们也会减少血清及组织中的植物甾醇含量。90 年代初,人们试着采用游离型植物甾烷醇进行人体研究,结果发现较小且安全的剂量(1.5 g/d)就具有较好的降血浆胆固醇效果,这一发现重新引发了人们对脂溶性甾烷醇酯制品的开发热潮。植物甾烷醇较好的脂溶性似乎是它具有有效降胆固醇效果的重要保证。这一点也可从下面的事实得到确证,大剂量的氢化谷甾烷醇对良性高胆固醇血症患者的血清总 CHOL 或 LDL-CHOL 含量几乎没影响。这是由于氢化谷甾烷醇的溶解性能非常差的缘故。

随着甾烷醇酯制品的普及,人们对植物甾醇的兴趣也重新点燃。植物甾醇添加于含有黄油的膳食,降低血清胆固醇非常有效,甚至对于正常人群也一样。添加于橄榄油也可降低“一般程度”胆固醇血症患者的 LDL-CHOL,同时会增加体内胆固醇的合成。还有一项短期研究显示,主要含谷甾醇、谷甾烷醇及菜油甾醇的牛油明显地降低了血清胆固醇的含量。对血清植物甾醇几乎没影响,然而在较低胆固醇水平的人群中发现胆固醇合成增加了。

除早期的游离谷甾醇人体摄入研究外,肠灌注研究及长期摄入研究都显示,谷甾烷醇事实上是不被吸收的。正由于此,它抑制了植物甾醇以及胆固醇的吸收,而且显出比谷甾醇更有效的降胆固醇效果。与谷甾醇相比,摄食谷甾烷醇之后胆固醇在粪便中的排泄量也更高。

2. 影响摄食的因素

植物甾醇的剂量似乎非常重要,每日约 2 g 的甾烷醇或甾醇量好像是降低胆固醇的理想剂量。再高的剂量可能不会提高效率,而且可能还会产生一定的副作用。植物甾醇酯的摄取方式建议每主餐服用一次,因为在由食物诱导的胆囊排空过程中抑制胆汁胆固醇的吸收非常有效。

每日单次剂量的效果似乎与每日多次剂量的效果相当。早期动物研究及一些人体研究已清楚地显示,摄食游离型甾烷醇比甾醇更有效果,然而酯化植物甾醇的不饱和与饱和化合物之间的差别却不是很明显。如果在食品消化过程中摄食一种结晶或均一形态的甾醇,那么它们进入胶束相的效果比从甾醇酯中释放出来的脂溶甾醇要差得多。

植物甾醇酯也可用于使用安妥明(一种降胆固醇药物)的场合。然而,谷甾醇与苯扎贝特混合使用,会增强高胆固血症的风险。谷甾烷醇酯降低胆固醇的吸收可达 65%,然而与其他试剂(如新毒素)共用,可进一步提高降低胆固醇吸收的效果,有时几乎可达 100%。胆固醇的吸收率降至为 0,最终 LDL 胆固醇可能降低了约 37%,因为胆固醇的合成相应地增加了 1 倍。由于人体内不能合成植物甾醇,因此,后者降低胆固醇的效果要高出胆固醇的合成约 60%。

二、植物甾醇的生物有效性与吸收代谢

用于研究植物甾醇代谢或代谢效果的方法有很多,譬如:①分析并测量膳食的植物甾醇含量;②检讨植物甾醇在小肠部位的水解以及在小肠油或胶束相中的分布;③分析植物甾醇的吸收及血清(脂蛋白)含量;④检讨植物甾醇在血管内及血管外细胞(组织)中的分布;⑤分析胆汁分泌液中植物甾醇的含量;⑥定性或定量分析粪便中的植物甾醇等。

膳食植物甾醇的一个主要代谢效果就是抑制了胆固醇的吸收,也会相应地激活体内胆固醇的补偿性合成。胆固醇在粪便中的排泄量增加所表现出来的最终效果,就是血清胆固醇含量的下降。

一般来说,植物甾醇的吸收及代谢途径与胆固醇相似,游离型及酯化程度不高的甾醇化合物直接被输送至胶束相。在胶束相中,游离甾醇含量越高,胆固醇含量就越低,即胆固醇在油相中的残留就越多。酯化型植物甾醇在肠的上部就可能被有效地水解,之后被输送至胶束相。

另外,摄食的不同植物甾醇化合物之间会相互影响。譬如,摄食主要成分为谷甾醇的植物甾醇会降低人体血清中的菜油甾醇水平,但是却增加了谷甾醇血清含量。然而,摄食甾烷醇会同时降低菜油甾醇及谷甾醇两者的

含量。可见,谷甾醇或甾烷醇化合物都可明显地抑制其他甾醇化合物的吸收。

体内植物甾醇的排泄途径主要是通过胆汁。可见,吸收的植物甾醇可以从胆汁中回收。

(一)植物甾醇的吸收及传输

由于人体不能自行合成植物甾醇,所以只能从饮食中摄取。然而,人体吸收植物甾醇的效率不是很高,正常健康人对植物甾醇的吸收率低于5%,远不及对胆固醇的吸收率(约40%)。同样是固醇类化合物,却有如此大的吸收差别,其原因有三个方面:①甾醇在微胶束的溶解状态不佳;②一些外在因子(如磷脂质)可增加对胆固醇的吸收;③植物甾醇在微胶束中的酯化程度不足等。

植物甾醇的吸收效率可通过肠灌注技术来测量,而且植物甾醇化合物的浓度可与小肠上部及下部不能吸收的"标记"谷甾烷醇的含量相联系。植物甾醇的吸收也可以单剂量给予或慢性摄食"标记"的植物甾醇后来测量。谷甾醇的吸收效率似乎要低于菜油甾醇。菜油甾醇的吸收率约为10%,而谷甾醇约为5%。樟甾烷醇的吸收率约为2%,而谷甾烷醇约为1%。摄取高剂量的植物甾醇,尽管总吸收量可能更高一些,然而各单个化合物的吸收率更低。由此可见,植物甾醇的血清浓度,特别是它们对胆固醇水平的比例,则反映了植物甾醇及胆固醇的吸收情况。血清植物甾醇与胆固醇比例的变化实际上也反映了胆固醇吸收的情形。

不同植物甾醇化合物的吸收情形比较如下:菜油甾醇>β-谷甾醇>豆甾醇。由于植物甾醇在结构上的主要区别是支链的差异,于是支链是影响不同种类植物甾醇吸收的主要因素。植物甾醇的吸收效率会随着支链碳数的增加而减少,也会随着环状结构被氧化饱和而降低,如谷甾烷醇几乎不被吸收。然而,也有例外情况,如饱和的菜油甾烷醇比不饱和的菜油甾醇表现出更佳的吸收率。

除肠道的吸收率低于胆固醇外,植物甾醇在血液循环系统中的代谢也较胆固醇快,所以其在血液中的浓度低于胆固醇。通过肠道摄取菜油甾醇及β-谷甾醇,最终均会提高血液中相应化合物的浓度。但是,在肝脏部位的酯化效果,β-谷甾醇不如菜油甾醇。因此,整体而言,菜油甾醇在体内的保留量会高于β-谷甾醇。

（二）植物甾醇的代谢

关于植物甾醇的代谢，一方面，以前普遍认为植物甾醇的溶解度低，吸收率也低，从而对它们的定量相对较为困难；另一方面，甾醇的代谢也非常复杂。目前，只能通过分析排泄物的代谢产物来推测它们在体内的代谢情况。可以测定粪便中未被吸收的植物甾醇及其细菌的转换产物，如甲基及乙基粪甾酮及粪甾醇。粪便分析显示，植物甾醇经皂化后，仅产生微量的酸解甾醇。这意味着，植物甾醇糖苷在肠中的水解非常有效。大肠菌丛使植物甾醇转换为5β-粪甾烷产物，然而5α-甾烷醇化合物却较难形成。

三、植物甾醇及甾烷醇的生理功能进展

“甾醇是人与动、植物细胞膜的重要组成成分，植物甾醇对维护健康和预防慢性病起着非常重要的作用。”[①]20世纪90年代后期以来，人们对植物甾醇制品的降低胆固醇效果及相应的市场前景显出了极大的兴趣。也许人们可能会觉得植物甾醇用于降低血清胆固醇不是一个新创意。

20世纪50年代，人们就已把豆甾醇作为一种药品或添加剂，用于降低高脂血症患者的血清胆固醇。不过，由于游离植物甾醇的溶解性及生物有效性太差的缘故，当时它的降血清胆固醇效果不尽如人意，为了显出一定的效果，有时需要极高的剂量（高达20～30 g/d）。正因如此，早期诸多临床试验的结果是难以令人信服的。当时，一种有效降血脂药物——“statin”非常流行，该药物的出现一下子导致了植物甾醇制品的消失。于是，曾经有一段时期植物甾醇用于调节血清胆固醇，被认为没有任何实际意义。近年来，功能性食品的不断增长，植物甾醇用于降低血清胆固醇的用途重新获得了动力。

由于甾烷醇的酯化处理获得成功，降低了人们对植物甾醇或植物甾烷醇的关注，但甾醇的脂肪酸酯（甾醇酯）也可容易地配制一些食品制品，而且也可用于功能性食品的开发。甚至还对游离植物甾醇的配方及结晶形式进行了全新的研究，以明确这些更简单而且更便宜化合物的真正有效利用方式。此类研究已开始对一些最令人疑难的问题给出了肯定的回答。除显著

① 任建敏.食物中植物甾醇生理活性及药理作用研究进展[J].食品工业科技，2015，36(22)：389.

的降血清胆固醇效果外，还发现甾醇或甾烷醇具有许多其他的生理功能，如抑制癌细胞增殖、抗动脉粥样硬化、抑制血小板凝集等。

（一）植物甾醇的调节血清脂质效果

1. 动物实验

有关植物甾醇在动物中的调节血脂效果早于 20 世纪初。至于饱和植物甾醇调节动物血脂的效果则要晚得多，然而却更加引起了人们的关注。早在 20 世纪的 70 年代末 80 年代初，就有许多动物实验中饱和谷甾醇具有比谷甾醇(SI-TO)更强的降血清胆固醇效果。不过，有关植物甾醇与植物甾烷醇的效果究竟孰好孰坏，还没定论，最新临床研究显示它们的效果差不多。

喂食小鼠植物甾醇可降低其血浆 LDL 及 VLDL、胆固醇、甘油三酯和肝胆固醇浓度，而且可明显地增加肝中菜油甾醇及谷甾醇的含量(2～4倍)。在大鼠(仓鼠)实验中，喂食谷甾烷醇可降低血清及肝胆固醇，然而却增加了低甾烷醇或牛油甾醇实验组的血清菜油甾醇浓度。

肝谷甾醇水平可通过摄食一种合成的谷甾醇混合物而得到提高。在老鼠实验中发现，喂食溶于牛油的谷甾烷醇，可降低动物的 LDL 胆固醇，然而提高了 HDL 胆固醇，后者的增加幅度与 LDL 胆固醇的下降幅度相关。血浆菜油甾醇及谷甾醇含量也有增加，然而血浆谷甾烷醇水平仍几乎维持在 0。

烯胆甾烷醇与胆固醇比例及肝胆固醇合成率的增加，表明胆固醇的合成可受一种甾烷醇混合物的摄取而得到补偿性的提高。进一步在大鼠及白兔动物模型中发现，谷甾烷醇降血清胆固醇的效果与其在粪便中排泄量的增加相关，也就是说，喂食高剂量的谷甾烷醇，胆固醇的吸收率就低。并指出，这是由于胆固醇吸收受到抑制，并且胆固醇合成率补偿性增加的缘故。另外，以 apo E-缺失小鼠为模型也得出相似的结论，即膳食中添加植物甾醇可改变粪便中的甾醇组分。实验还显示，降胆固醇药丙丁酚对粪便甾醇组成几乎没有影响。

研究膳食中添加植物甾醇对动物血浆及肝脂浓度的影响，还涉及一个问题，即添加多少量的植物甾醇或甾烷醇才具有显著的效果。为此，把大鼠分成 5 组，分别喂食不同浓度的豆甾烷醇(0.01%～1%)，而控制组不添加植物甾醇。结果发现，膳食中添加谷甾烷醇的效果与它在膳食中的浓度呈一定的相关性，膳食中谷甾烷醇浓度高于 0.2%时可显著显出降低大鼠血浆胆固醇水平的效果。

植物甾醇诱导的脂质下降作用可能具有预防动脉粥样硬化的效果，这已在动物实验中得到证实。如果在摄食胆固醇的白兔膳食中再添加谷甾烷醇，可降低白兔血浆及 VLDL 胆固醇的浓度，同时可抑制心脏冠状动脉以及主动脉中血小板的增加。

2. 人体研究

胆固醇是人体的重要成分，人体经由摄食或自体合成来调节其含量，从而维持正常的生理运作。至于它会导致人体的一些心血管疾患，主要是由于其代谢失衡的缘故。早期研究显示，为了达到使血浆胆固醇浓度下降5%～20%，植物甾醇的加入量必须要达到 10～20 g/d，否则效果不是很明显。

1986 年，饱和 SITO 的人体摄入实验，1.5 g/d 的摄入量可使高胆固醇患者的血清胆固醇浓度下降 10%～15%。饱和 SITO 的人体长期服用效果，1～3.4 g/d 连续 1 年给高 CHOL 患者服用，结果观察到其血清 CHOL 浓度下降了 6%～10%，而 LDL-CHOL 浓度下降了 9%～15%。特别对遗传的高 CHOL 血症患者，效果更加明显。另外，还有研究显示，采用含谷甾醇(SITO)较高的植物甾醇(90%左右)数月给Ⅱ型高血胆固醇症患者服用，摄入量为 3～6 g/d，结果其血清胆固醇浓度约下降 10%。一般来说，有关植物甾醇降血浆胆固醇的效果还是令人满意的，特别是一些与植物甾醇或甾烷醇酯相关的研究。植物甾醇的这种降血 CHOL 效果主要是通过降低血清中的低密度脂蛋白(LDL)-CHOL 显出来的，然而对高密度脂蛋白(HDL)-CHOL 浓度和血清中性脂肪浓度的影响却不大。也就是说，它可以降低血清中的“坏”胆固醇，从而相对地提高了“好”胆固醇的比例。这对于预防诸多心血管疾病来说，显得至关重要，因为 LDL-CHOL 与诸多心血管疾病(如动脉粥样硬化)的发病密切相关。

总之，植物甾醇或甾烷醇对人血液胆固醇的影响包括三个方面：①对总胆固醇的影响；②对脂蛋白以及阿朴脂蛋白的影响；③对卵磷脂、胆固醇酰基转移酶的影响：胆固醇酰基转移酶是 HDL-CHOL 中的一种主要组分，通过增加甾醇的酯化程度“没收”在 HDL-CHOL 的疏水性核心内的 CHOL。正因如此，会形成一种潜在的浓度梯度，导致连续地吸收甾醇，也就是说，形成一种反相胆固醇传输过程。膳食中添加植物甾醇，可增加血液中的胆固醇酰基转移酶水平。连续 3 周投以植物甾醇可提高血浆中的胆固醇酰基转移酶及 HDL-CHOL 中的 CHOL 组分。胆固醇酰基转移酶的这些变化可能潜在地引起 HDL-CHOL 及其他脂蛋白之间的 CHOL 重新分配。

摄食植物甾醇或甾烷醇后，LDL 中的 CHOL 浓度平均下降为 13%，而总胆固醇为 10%。通常认为，豆甾烷醇的降血浆胆固醇效果要强于其他植物甾醇。植物甾醇的混合物可能与甾烷醇同样有效。除在适度高胆固醇患者中有效外，植物甾醇在患有家族遗传性的高胆固醇血症小孩中也有效。

近年来，人们对植物甾醇的一些认识发生了很大的变化，综述植物甾醇的一些最新研究进展，特别是临床试验，简介如下：

(1)植物甾烷酯的最新临床研究。至今，对植物甾烷酯进行的降血脂效果临床研究要比任何一种植物甾醇都要多。这些研究基本上都证实甾烷酯可降低正常人群、高脂血症成年患者或小孩的“坏”胆固醇(LDL-CHOL) 10%～14%之多。“好”胆固醇(HDL-CHOL)及三甘油酯的含量几乎不受影响。一些已服用 statin(一种降脂药物)药物的患者如果在膳食中再添加包含甾烷酯的人造黄油，那他们的 LDL-CHOL 含量可额外地下降 10%左右。也就是说，甾烷酯与一些降脂药物的降血脂效果基本上可以累加。这也说明，曾烷酯的使用可降低降脂药物的使用。很多研究还表明，富含甾烷酯的高脂食品可有效地降低经常摄食高脂或高胆固醇含量膳食的人群的 LDL-CHOL 水平。低脂食品中的甾烷酯对于摄食低脂、低胆固醇膳食的人群也有效。

甾烷酯可来自妥尔油——松树或其他树制浆过程中产生的一种富含植物甾醇的副产物。妥尔油植物甾醇经过精炼、纯化，氢化为植物甾烷醇，然后与食品级脂肪酸酯化，即可制得植物甾烷酯。另外，植物油精制过程中产生的植物甾醇也可生产甾烷酯。来自妥尔油并经氢化的甾烷醇化合物主要为谷甾烷醇及菜油甾烷醇，两者比例为 92∶8。来自大豆油的谷甾烷醇/菜油甾烷醇比例则为 68∶32。这两种混合物在降低 LDL-胆固醇水平的效果方面相当。

(2)植物甾醇酯的最新临床研究。植物油来源的植物甾醇与食品级的脂肪酸之间经酯化，即可制得甾醇酯。甾醇酯的合成要比甾烷酯简单、便宜，因为不需要进行氢化处理。甾醇酯的植物甾醇组成主要取决于它们的植物油来源，通常是谷甾醇、菜油甾醇、豆甾醇、菜籽甾醇、异岩藻甾醇及其他微量组分的一种混合物。

植物甾醇酯在一些临床试验中也被证明具有降低血清 LDL-CHOL 水平的效果。类似于甾烷酯的场合所观察到的效果，摄食甾醇酯可导致 LDL-CHOL 下降达 10%，甚至更高，而且也不影响 HDL-CHOL 值。2001

年之前进行的大多摄食甾醇酯临床研究都是在正常人群或者中度高血胆固醇血症患者中进行的，受试人群摄食一种富含甾醇酯的高脂肪食品。包含于低脂涂抹食品或沙拉调味料的甾醇酯，也可有效地降低 LDL-CHOL 水平。

不同程度的高 CHOL 血症患者对甾醇酯涂抹食品有着相似的反应，即 LDL-CHOL 水平下降 10%～15%，而且发现甾醇酯还可进一步降低已用降胆固醇药物（如 statins 和 fibrates）治疗的患者的 LDL-CHOL 水平。

低、中度高 CHOL 血症人群对 1.8 g/d 剂量的植物甾醇都有反应，但是对于那些摄食高 CHOL、高能量、高脂肪及高饱和脂肪酸，而且具有高 CHOL 吸收的人群，LDL-CHOL 水平的下降不明显。

（3）游离植物甾醇及甾烷醇的最新临床研究。有关游离植物甾醇及植物甾烷醇的降胆固醇效果的研究已产生正的结果，但不太一致，这至少部分是由于较难配制，或较难释放这些相对不溶化合物的缘故。低剂量的游离谷甾烷醇（1.5 g/d）可有效地降低 LDL-CHOL 水平；采用剂量仅为 1.5 g/d 的谷甾烷醇，可降低高胆固醇血症小孩的 LDL-CHOL 水平，居然达 33%之高，然而摄食高达 6 g/d 的谷甾醇仅只导致 20%的下降（该研究显示游离甾烷醇的降 LDL-CHOL 效果要远强于游离甾醇）。因此，绝大部分数据都显示只要游离植物甾醇及植物甾烷醇以一种“生物有效”物理状态配制和释放，都可有效地降低 LDL-CHOL。植物甾醇的有效性很大程度上取决于它们的物理状态，高 CHOL 血症患者每日摄取 1.5 g 或 3.0 g“微晶”形式（未酯化）的游离植物甾醇，他们的 LDL-CHOL 水平可降低 7.5%～11.6%之多。

（4）降 LDL-胆固醇的相对有效性。“正确配制”游离植物甾醇及甾烷醇降低人 LDL-CHOL 的效果与甾烷醇及甾醇酯一样有效。以雌性 apoE-KO 小鼠为对象，比较了妥尔油植物甾醇的氢化对它们降胆固醇效果的影响，结果显示：尽管未氢化的植物甾醇及氢化的植物甾醇都具有明显的降胆固醇效果，但是氢化处理反而减弱了植物甾醇的降胆固醇效果。比较了游离甾烷醇及植物甾醇酯两者的效果，似乎也确证了这一点。然而对最近研究进行分析，可发现游离甾醇、甾烷醇及它们的酯化合物如果以一种“等同生物有效性”方式配制的话，那它们对 LDL-CHOL 水平的影响可能差不多。这一点对于消费者、临床试验人员、厂商及研究人员都很重要，因此有必要对这些不同植物甾醇形式的长期效果（3～4 周以上）进行直接的比较，以便尽早地澄清这一点。

(5)健康声明。该项声明包括涂抹食品、沙拉调味料、零食棒及膳食补充剂(软凝胶)中的甾烷醇酯,然而甾醇酯只有涂抹食品和沙拉调味料。受这项健康声明的限制,每份或 50 g 制品中必须不超过 13 g 总脂肪,但是涂抹食品和沙拉调味料不受限制。每份食品必须包含至少 0.65 g 植物甾醇酯,或每份 1.7 g 植物甾烷醇酯,而且每日至少需要吃两份,才分别达到 1.3 g/d 和 3.4 g/d 的甾醇酯及甾烷酸酯摄取量。

甾烷醇酯所需的量比甾醇酯高 2 倍之多,这似乎与大多数科学研究结果有点矛盾,后者显示两者的效果差不多。但是,FDA 规定的制定基于当时有效的数据,而且诸多甾烷醇酯研究都在相对较高剂量条件下进行。目前,有关甾醇以及甾烷醇酯的剂量,还有游离植物甾醇以及植物甾烷酸是否包含于该法规等问题已引起 FDA 的关注。估计该项 FDA 最终法规出台时将会考虑这些问题。

3. 作用机制

植物甾醇降血清 CHOL 的作用机制主要有两种:①抑制了 CHOL 在肠道的吸收;②影响了 CHOL 的代谢(合成及排泄)。

(1)抑制胆固醇吸收机制。CHOL 的吸收过程:食物中的 CHOL(包括游离型和酯化型)在胃内与其他食物形成乳浊液,并输送至十二指肠,酯化型 CHOL 经胆固醇酯酶水解为游离型 CHOL。CHOL 与中性脂肪的水解物(如游离脂肪酸、单甘油酯等)以及胆汁中的胆汁酸和磷脂等形成胆汁酸胶束之后,形成的胶束接近小肠上皮细胞,进入细胞表面的水层,单分子的 CHOL 在此从胶束中游离出来,进入微绒毛膜中。

CHOL 运输至微粒体,受酰化 CoA 胆固醇酰基转换酶的作用又转换为酯型 CHOL,再进入乳糜微粒。乳糜微粒表面层会形成游离型 CHOL,使之分泌至淋巴,从而进入血液循环。

以谷甾醇(SITO)为主的植物甾醇主要通过抑制 CHOL 吸收的不同阶段,从而起到降血 CHOL 的效果。例如,于小肠内腔,抑制 CHOL 溶解于胆汁酸胶束;与 CHOL 竞争肠道微绒毛的吸收位置;在小肠上皮细胞内阻害 CHOL 的酯化,而且抑制其进入乳糜微粒及分泌至淋巴。

有关饱和 SITO 的抑制 CHOL 吸收机制,经考证基本上与 SITO 相似。早期研究显示,饱和 SITO 具有比 SIT 更强的降胆固醇效果,当时引起这现象的原因不太为人们所理解。曾经有一段时期,很多研究人员试着寻找这种差异性的原因。一些研究指出,饱和 SITO 在 CHOL 胶束中的溶解度比 SITO 低。

饱和 SITO 的排泄率比 SITO 高,因而推测它们在小肠内腔的停滞时间要比 SITO 长,抑制 CHOL 溶解于胶束的时间也相对较长,从而相对来说其降 CHOL 效果也更强。但是,这些解释都显得有点牵强,而且多余,因为最新研究已证实此两者化合物的降血清 CHOL 效果差不多。可见,它们抑制 CHOL 的吸收机制相似。

(2)影响胆固醇代谢的机制。为了明确被吸收的植物甾醇对机体 CHOL 的代谢是否产生影响,采用灌注的方法,提高实验老鼠血液中 SITO 的浓度,研究了高浓度植物甾醇对 CHOL 代谢的影响。结果发现,一方面,SITO 抑制了胆固醇 7α-羟化酶(促使胆固醇分解的速率限制酶)的活性,从而降低了胆汁酸的合成;另一方面,会稍微提高 HMG-CoA 还原酶(促使胆固醇合成的速率限制酶)的活性,但与对照组相比,并无明显的差异。该作者推测,这可能有以下的原因:①部分被吸收的 SITO 被肝脏排出至胆汁后,进而在肠道起到阻止 CHOL 再吸收的效果;②由于 CHOL 可抑制 HMG-CoA 还原酶的活性,CHOL 减少了,相应 HMG-CoA 还原酶的活性增加了。

豆甾醇对 CHOL 分解代谢的影响。结果显示,经喂食菜油甾醇的老鼠粪便中,其胆固醇、粪甾烷醇及胆汁酸的含量增加。CHOL 经代谢后,可转化为胆汁酸。胆汁酸可分为一级胆汁酸(如胆汁酸、cheno-脱氧胆酸等)和二级胆汁酸,一级胆汁酸经肠道微生物的作用可生成二级胆汁酸。豆甾醇对一级胆汁酸的变化没什么明显的影响,然而可提高二级胆汁酸的含量,而一些二级胆汁酸具有降低 CHOL 的作用。因此,这种方式可作为豆甾醇降低 CHOL 的重要机制理论之一。

现在普遍认同,含有大量 CHOL 的低密度脂蛋白(LDL)与心血管疾病的发病风险相关。谷甾烷酯对不同载脂蛋白 apoE 型人群中的 LDL-CHOL、血中 CHOL、CHOL 前体物及其他植物甾醇的影响,结果显示该化合物降低了总 CHOL、LDL-CHOL 及谷甾烷醇含量,但增加了合成 CHOL 的前体物质的含量。这说明了谷甾烷酯能有效地抑制 CHOL 的吸收,从而使自体合成 CHOL 的系统开始制造胆固醇,以平衡吸收不足的胆固醇。

20 世纪 60 年代,不少研究人员就已试着弄清植物甾醇调节 CHOL 代谢的机制。腹膜内注射 β-谷甾醇,可降低鼠和小鸡血浆 CHOL,然而也刺激了乙酸酯合成 CHOL 的代谢。近期,以雄性大鼠为对象,也证实通过皮下注射植物甾醇或甾烷醇可显著降低血浆总 CHOL 水平,达 21%～23% 之多。该研究明确地显示了植物甾醇或甾烷醇通过一种非抑制 CHOL 吸收机制的方式降低了血浆 CHOL。

（二）植物甾醇的抗动脉粥样硬化效果

FDA 暂定最终法规准许，在含植物甾醇制品上，标上健康声明——“降低心血管疾病风险”。这意味着，植物甾醇在预防心血管疾病方面具有潜在的广阔前景。通常，可以这么说：适量摄食这些物质“可能”会降低心脏病的风险。

动脉粥样硬化的形成过程中，LDL 的氧化起着至关重要的角色，而 LDL 的氧化又与 LDL 中的胆固醇密切相关。可见，植物甾醇的抗动脉粥样硬化效果归根结底仍是其降血清或血浆胆固醇效果的进一步表现。

妥尔油来源的植物甾醇减少了 apoE-KO 小鼠的动脉粥样硬化，他们发现植物甾醇的这种抗动脉硬化效果与膳食胆固醇含量无关，植物甾醇可减少动脉粥样硬化损伤达 50%。

此外，植物甾醇还会引起包括泡沫细胞和胆固醇裂缝的数量、胞外基质的数量及平滑肌细胞的增殖程度等其他损伤的明显下降。进一步评价了一种植物甾醇混合物对 apoE-缺乏小鼠动脉硬化损伤的衰退的影响。通过一种高胆固醇膳食诱导动脉粥样硬化，然后考察膳食中添加 FCP-3PI(2%)对动脉粥样损伤衰退的影响，结果显示尽管每组小鼠的损伤衰退不明显，但是 FCP-3PI 处理组的损伤大小要低于对照组。FCP-3PI 处理可能会延缓 apoE-缺乏小鼠动脉硬化损伤的发展，但是为了产生更大的效果，需要一个较长的衰退时期。最近，研究了膳食植物油及植物甾烷酯的抗动脉硬化效果，以雌性 $apoE^{*}$ 3-莱顿转基因小鼠为对象，每组 10 只连续 38 周喂以含有 1.0%的植物甾烷酯(豆甾烷酯和樟甾烷酯不同比例)的膳食或控制膳食。不管植物甾烷酯的来源如何，都能显著地减少动脉粥样硬化损伤的程度，达 90%，究其原因，仍是减低了 VLDL-胆固醇、IDL-胆固醇及 LDL-胆固醇的缘故。

有学者以雄性新西兰白兔为对象，研究了连续 10 周喂以膳食谷甾烷醇(0.1%～0.8%，质量分数)对冠状动脉粥样斑的发展以及卵磷脂：胆固醇酰基转移酶活性的影响。结果发现，0.8%剂量的膳食谷甾烷醇可抑制冠状动脉和主动脉中粥样斑的增长(与其他组对比)。但是，胆固醇酰基转移酶活性几乎不受影响。这一研究基本上与以上所述的几项研究结果相符。

（三）植物甾醇的抗癌症或肿瘤效果

人们推测植物甾醇，通过抑制胆固醇吸收的途径，能起到一定的抗癌效果。有关植物甾醇对癌症的这种保护效果,还是在最近 10 年才引起人们的关注。实验员喂给 MNU 诱导的鼠一种含有 0.3%β-甾醇的膳食,发现显著地降低了结肠内表皮细胞的增殖速率,抑制了隐囊的增殖间隔,从而抑制了突变基因的表达孔。膳食植物甾醇在小鼠结肠癌症中起着一定的保护效果,并指出其机制可能是由于植物甾醇通过与细胞受体竞争膳食中的胆固醇,从而导致胆固醇的吸收下降及排泄量增加的缘故。此结果与早期的几项流行病学研究的结果基本一致。

另外,植物甾醇还对其他癌症起到一定的保护效果。在西方,前列腺癌已成为男性的第二大死亡原因,而前列腺癌的发病与脂肪的摄食密切有关。β-豆甾醇能抑制 LNCaP 人前列腺癌细胞的生长及分化。这一发现可能解释了为何素食人群的前列腺癌风险更低的缘故。之后,人们探讨了膳食植物甾醇对老鼠组织中的睾丸激素代谢的影响。结果显示,连续喂食 2%的植物甾醇可导致鼠的血清睾丸激素水平下降 33%,而且前列腺的芳香酶(合成睾丸激素的酶)活力下降 55%。可见,植物甾醇可能通过降低睾丸激素代谢酶的活性,而减低了前列腺癌的风险。

(四)植物甾醇的其他生理效果

除上述的效果外,植物甾醇还具有许多其他生理效果,包括抗炎症效果及抑制血小板凝集效果、抗细菌和抗霉菌等作用。至于抗血小板凝集效果,如减少血小板数、减弱组织血浆酶原的激活及减少血浆纤维蛋白原浓度,也是植物甾醇抗动脉硬化效果的一个原因。还有研究显示植物甾醇可调节角化细胞的流动性。

β-谷甾醇(BSS)及它的糖苷在很低浓度下,可使体外的 T-细胞增殖。两者的混合物在相同浓度条件下的效果要好于单一化合物。他们还证实,受试人群连续 4 周摄食该混合物,也显出相当的体内活性。ESF(1 μg/mL)在体外能明显地提高 T-细胞上的 CD25 及 HLA-激活抗原的表达,而且提高 IL-2 及 γ-干扰素的分泌。另外,BBS 及 BSSG 都可提高 NK-细胞活性,但是 ESF 的效果总是比单一化合物好。这说明不同甾醇化合物之间在调节免疫功能方面可能存在一定的协同效果,不过还有待于进一步证实。

四、植物甾醇的一些副作用

植物甾醇具有一些不合需要的副作用。例如,提高红细胞膜中植物甾醇的浓度，会导致膜脆度的增加。在富含β-豆甾醇和菜油甾醇的老鼠肝微粒体中，也可观察到植物甾醇增加膜脆性的效果。植物甾醇会引起一些植物甾醇症患者的溶血反应。还有，高β-豆甾醇水平（高达0.7 mmol/L）可能会引起人脐静脉表皮细胞的收缩。由此可见，很高浓度的血浆β-豆甾醇浓度可能会产生一些细胞毒害效果，也可能会干扰细胞功能。

还有研究称长期摄食高剂量的植物甾烷（5%）会引起老鼠血浆中的总蛋白质、钙、维生素E及维生素D等明显下降。综述甾烷醇及甾醇类的摄食影响脂溶性维生素的数据，植物甾醇及甾烷醇降低各不同维生素的血液浓度如下：β-胡萝卜素约25%，α-胡萝卜素约10%，而维生素E为8%。此类维生素的主要功能是保护LDL-CHOL免受氧化。甾醇以及甾烷醇降低了LDL-CHOL量，而脂溶性类胡萝卜素以及生育酚一般与LDL颗粒紧密联系。因此，随着LDL-CHOL浓度的下降，有必要调整或校正这些维生素的血液浓度。如果采用这种调整的话，那甾烷醇以及甾醇类几乎没有降低血液维生素E的浓度，而且β-胡萝卜素浓度仅下降8%～19%，甚至更少。针对这一问题，建议限制甾醇酯的每日摄取量低于1.6 g，在此剂量下既具有较好的LDL-CHOL降低效果，而且不会严重地影响血浆类胡萝卜素浓度。但是，也有学者对这一限制质疑，因为甾醇和甾烷醇酯对类胡萝卜素及生育酚的影响与剂量相关性不大。不过，摄食甾醇酯制品的患者还是有必要尽量多地摄食富含类胡萝卜素的食品，以有效地保持血浆类胡萝卜素水平。

还有摄食富含植物甾醇的人造黄油，既具有降低血浆胆固醇的效果，也会降低血浆中的番茄红素（达20%）。血清番茄红素水平与动脉硬化及诸多癌症呈负相关，因此长期摄食植物甾醇人造黄油可能会增加动脉硬化和一些癌症的风险。然而，对于植物甾醇是否引起血清类胡萝卜素下降还有待深入系统的探讨。

第三节　植物甾醇及其相关醇化合物的生产技术分析

许多植物中所含的烷醇类物质，具有降血脂、抗炎症或抗疲劳等良好生理功效，是重要的功能活性物质。如谷维素、植物甾醇、廿八醇和肌醇等，它们都来自粮油加工的下脚料或废弃物，是对粮油资源的进一步综合利用。其产品附加值高，开发和应用前景十分广阔。

一、植物甾醇生产的关键技术

甾醇是以环戊烷多氢菲为骨架(又称为甾核)的 C_{27}～C_{31} 仲醇类物质，以游离态、高级脂肪酸酯或苷的形式广泛存在于动、植物或微生物体内。根据来源，甾醇可分为动物性甾醇、植物性甾醇和菌性甾醇3大类。动物性甾醇以胆固醇为主；植物性甾醇主要为谷甾醇、豆甾醇和菜油甾醇等，存在于植物种子中；菌类甾醇有麦角甾醇存在于蘑菇中。其中，植物甾醇的生理功能良好、安全性高，在医药、化妆品、饲料等行业都有广泛的应用。

植物甾醇是植物细胞的重要组成成分，广泛存在于植物的根、茎、叶、果实和种子中，其中以荞麦、杏仁、玉米和豌豆的含量较高。

目前已发现，植物甾醇存在于植物细胞内的结构形式有4种，即游离甾醇、甾醇酯、甾醇糖苷和酰化甾醇糖苷。特别是前两者常与甘油三酯等脂质共存于植物种子中，是植物油脂中的主要不皂化物成分。一般植物油脂中，甾醇在不皂化物中所占的比例通常超过50%，有时甚至高达70%。植物毛油的甾醇含量中，以小麦胚芽油、玉米胚芽油、米糠油、芝麻油和红花油的植物甾醇含量较高。

植物毛油经过精炼以后，特别是碱炼和脱臭后，约有一半的甾醇流入下脚料中。植物油脂下脚料中甾醇的含量一般为相应毛油的2～4倍，甚至更高。碱炼皂脚、水化油脚、脱臭馏出物、废白土、妥尔油蒸馏残留物、脂肪酸蒸馏残留物、劣等磷脂等各种油脂下脚料，都是颇具工业开发价值的廉价植物甾醇直接资源，其中以碱炼皂脚、脱臭馏出物和蒸馏残留物最具开发价值。

源于树木茎秆中脂质的妥尔油、源于甘蔗茎秆脂质的甘蔗蜡和制糖滤泥、源于树木等植物的泥煤蜡生产副产品树脂、源于葡萄籽脂质的葡萄酒厂生产废渣，都是颇具开发利用价值的植物甾醇资源。

植物油脂的甾醇中有50%～97%都是无甲基甾醇。其中以β-谷甾醇含量最高，在甾醇中的比例可达50%～80%，其次是豆甾醇和菜油甾醇，这3种组分总量占甾醇总含量的一半以上。目前的商品植物甾醇都以β-谷甾醇、豆甾醇、菜油甾醇和菜籽甾醇为绝对组成成分。

制取甾醇的原料主要有油脂碱炼皂脚、脱臭馏出物和脂肪酸及其酯的蒸馏残留物。同一油脂，其蒸馏残留物中甾醇含量很高，其次是脱臭馏出物。在油脂脱臭过程中，植物甾醇随挥发性物质一起以蒸汽或雾状形式蒸馏出来，可以溶剂洗涤吸收后再冷凝而得。用于分离甾醇和其他可冷凝产物的设备，最适宜安装在脱臭器与扩压-压缩器间的管线上。

为提高甾醇分离效率，减少溶剂和辅料消耗，降低生产成本，采用甾醇含量较高的原料较为有利。对资源广而价廉、但甾醇含量偏低的原料，宜采用高真空薄膜温和蒸馏进行预浓缩（实际上也是水解粗脂肪酸蒸馏精制）。因此，一般不宜从低甾醇皂脚中直接提取，选用蒸馏残留物较为上策。对于不皂化物含量20%以上者，可直接使用。

（一）植物甾醇的制备依据与原理

1. 植物甾醇的制备依据

从油脂下脚料中提取甾醇的方法较多，其原理一般是基于原料的化学性质、物理性质及生化反应方面的差异，包括以下方面：

（1）在碱存在下物质可皂化性的差异。

（2）在有机溶剂中或在有机溶剂稀释的皂液中，物质溶解度的差异。

（3）甾醇和其他物质的可络合性，甾醇络合物与其他物质在某种溶剂中溶解度的差异。

（4）在表面活性剂存在下，物质的亲水性差异。

（5）在高真空条件下，物质的蒸汽压差异。

（6）物质吸附力差异。

2. 植物甾醇的制备原理

甾醇的提取通常可分三大步进行，各步采用的原理互异，因此其提取全过程是多种原理和方法的组合，主要包括以下三项：

（1）去除大部分脂肪酸，得到甾醇浓缩物。对于不皂化物含量大于20%的原料，可以略去这个步骤。

（2）甾醇的提取，即彻底分离去除脂肪酸及其他酸类物质，得到含酸、皂量极少的较高纯度的不皂化物（粗甾醇）。

（3）粗甾醇的精制。

对于大部分脂肪酸的去除，可先将其转化为低级醇的酯（如甲酯、乙酯或丁酯）后再蒸馏去除，以降低蒸馏温度，而避免或减少脂肪酸或酯的高温氧化、裂解和聚合以及甾醇的再酯化、在羟基上脱水分解为烃。也可采用皂化的方法，将脂肪酸转化为不溶于水或某种溶剂的金属皂（如钙皂等）来分离去除。醇相皂化的分离效果较水相皂化的效果好。因醇相对油脚的溶解性好，反应温度较水相低，在反应过程中可将醇相碱液一次性缓慢加入。

关于甾醇的提取方法，包括直接结晶法、溶剂萃取法、络合法和蒸馏法，其中以络合法的一次甾醇得率最高。萃取法在皂化去除脂肪酸后进行，其萃取效率受皂化方法的影响较大。络合法是利用甾醇的络合性质，直接将甾醇从反应体系中络合出来，再经热分解洗涤得到粗甾醇。也可采用短程蒸馏或分子蒸馏法，从不皂化物中蒸出甾醇。

甾醇粗制品的精制，包括脱色、结晶等工序，得到精制品的甾醇含量可达95%以上。在具体生产过程中，选用何种方法来提取和精制，要依据原料品种、组成、分离难度及产品的纯度要求等而定，同时还应考虑工艺生产的可靠性、稳定性和经济性。

（二）植物甾醇的提取工艺

1.萃取法提取

萃取法是采用皂化去除大部分脂肪酸后，以有机溶剂萃取不皂化物得到粗甾醇。根据皂化方法的不同，其代表性的工艺流程有2种，如图6-1、图6-2所示。

图6-1的工艺可用于直接分离，操作较为简单，但使用有机溶剂量较多，而导致回收和操作的不便，且甾醇得率不高，难以工业化生产。若用于实验室进行植物甾醇的定性、定量分析，则比较适宜。例如，将油脂脱臭馏出物脱水干燥后，以10% KOH溶液进行皂化，然后用乙醚萃取；以水洗涤（可加少量醇以快速彻底地分离去除皂）后，用无水硫酸钠干燥、过滤，并分离去除未皂化的乙醚不溶物；最后以4倍丙酮萃取，将萃取液浓缩至原液的一半左右，冷却结晶得到植物甾醇粗制品。

图6-2的优点在于，可以避免麻烦的脱溶干燥工序，且可以用乙醇来低温萃取，对安全操作和降低成本十分有利。由于采用熟石灰或生石灰进行干式皂化，极大影响了后续萃取和浓缩工艺的操作难度和甾醇的得率，精制难度较大。例如，将油脂下脚料预热至80～90℃后，加入稍过量的熟石灰粉末，保温搅拌4～5 h，得到坚硬的膏状钙皂；冷却、粉碎后加入95%乙醇，搅拌至悬浊液，过滤得到含不皂化物、甘油和少量钙皂的乙醇液；再经乙醇重新提取一次后，将两次的乙醇提取液合并，回收乙醇获得富含甾醇的残留物；将残留物溶于适量石油醚后，加入10%的乙酸以脱除钙离子，再以4%的碳酸钠溶液中和乙酸处理时生成的脂肪酸；最后，经蒸馏水洗涤、干燥后，得到植物甾醇粗制品。

图 6-1 萃取法提取植物甾醇的工艺流程(1)

图 6-2 萃取法提取植物甾醇的工艺流程(2)

2. 络合法提取

图 6-3 是络合法提取植物甾醇的工艺流程。该工艺流程的核心在于络合反应条件的优化，包括络合剂的选择及用量、反应的溶剂-料液比、反应时间与温度等。例如，米糠油制取谷维素后的黑色下脚料（含有约 50%的植物

甾醇),以16%氢氧化钠溶液皂化处理约6 h后,冷却至45℃左右,加入硫酸溶液中和分解;水洗后,将油层以丙酮沸提4～6 h;将丙酮萃取液浓缩后按料液比约1∶4溶入石油醚中,然后加入金属卤盐进行络合反应,得到络合物经解析、过滤,即为含量达80%以上的植物甾醇粗制品。

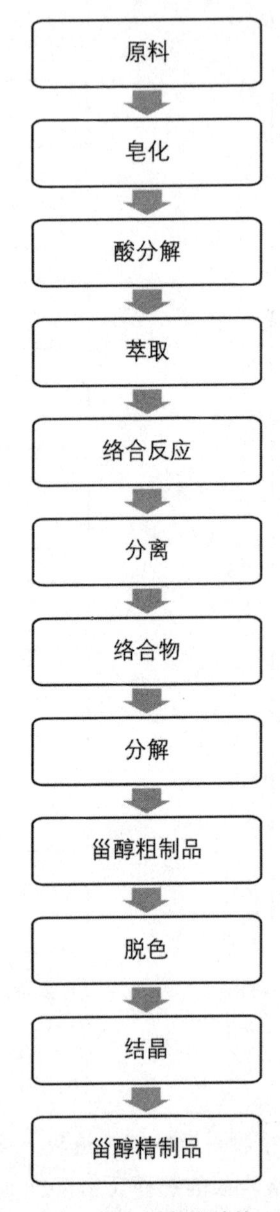

图6-3 络合法提取植物甾醇的工艺流程

3. 蒸馏法提取

蒸馏法主要针对的是天然维生素 E 和植物甾醇两种活性成分的同时提取。某些原料(特别是某些脱臭馏出物)中,天然维生素 E 和甾醇的含量都较高,在脱除脂肪酸后,二者总量达到60%以上,即可采用此法来同时提取。若是单纯提取天然维生素 E,则多采用毛地黄皂苷法去除少许甾醇。若仅为得到植物甾醇,则采用 −12℃ 结晶析出法。蒸馏法同时提取维生素 E 和植物甾醇的工艺流程如图 6-4 所示。

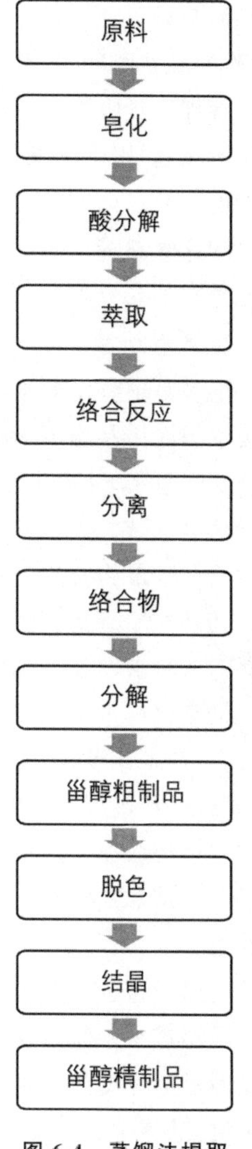

图 6-4 蒸馏法提取植物甾醇的工艺

图 6-4 给出蒸馏法同时提取维生素 E 和植物甾醇的工艺流程,其关键在于酯化和蒸馏两个工序,方式多采用分子蒸馏。例如,在大豆油脱臭馏出物中溶解适量低碳醇,以浓硫酸为催化剂加热回流进行酯化处理;中和后将溶液冷却至 1~2℃,得到部分甾醇结晶,同时回收滤液中过量的低碳醇;然后在 0.13~1.3Pa 真空下进行分子蒸馏,分别得到脂肪酸酯、含 40%~60%天然维生素 E 的黄色油状浓缩物及剩下的富含甾醇的残渣;将残渣经醇相皂化后,经丙酮萃取和乙醇结晶,即可得到植物甾醇产品。

(三)植物甾醇的精制

植物甾醇粗制品的甾醇含量不高,且外观呈现明显的黄色,因此在精制过程中一般都要经过脱色和结晶处理,以提高产品纯度和品质。

1. 脱色处理

粗甾醇中含有类胡萝卜素、叶绿素等脂溶性色素,以及提取过程中产生的有色物质,需在结晶提纯之前尽量脱除。其脱色方法包括物理法(液-液萃取法)、物理化学法(吸附法和加热法)及化学法(氧化法、还原法、酸炼法、碱炼法和光化学法),目前普遍采用的是萃取法和吸附法。

吸附法脱色不仅能改善粗甾醇结晶母液的色泽并脱除胶质,还能有效脱除络合提取工艺中残留的微量金属离子及其他不溶于乙醇的杂质，为下一步的结晶提纯提供良好的条件。影响吸附脱色效果的因素很多，包括吸附剂、温度和时间等，其中吸附剂的影响最为关键。必须根据脱色的具体要求来合理选择吸附剂，以获得最佳的脱色效果。同时，必须保证吸附反应体系绝对无水，因为即使是微量水分的存在都会极大地降低活性炭等吸附剂的脱色效果。因此，吸附脱色之前应先将粗甾醇干燥至无水，并保证所用溶剂无水且吸附剂没有受潮。脱色过程中还必须进行良好的搅拌，使有色物质与吸附剂充分均匀接触，以保证良好的脱色效果。

2. 结晶处理

结晶是植物甾醇工业生产中必不可少的精制提纯过程，即甾醇分子从溶液中呈晶体状态析出的过程。结晶提纯获得的随醇产品纯净、外形整齐，十分便于包装、储存和使用。

结晶提纯的方法包括降温法、流动法、蒸发法、凝胶法、电解溶剂法等，其中前三种最为常用。根据植物甾醇的工艺特点和性质，以降温法比较适宜。其基本原理是，利用溶质较大的正溶解度温度系数，在晶体生长过程中逐渐降低溶液温度，使之成为过饱和溶液，最终使溶质不断析出、结晶。

结晶提纯过程是控制植物甾醇成品质量的关键环节之一，其牵涉的问题较多，技术难度大，操作条件要求十分细致。应通过试验优选出最适宜的结晶条件，在纯度符合要求的前提下，提高产品得率。应综合溶剂性质、经济和安全等多方面因素，选择合适的结晶用溶剂。乙醇、丙酮和甲醇都常用作甾醇的结晶用溶剂，其中又以乙醇最为常用。溶剂的用量显著影响着结晶的效率。

降温的过程十分关键，其主要参数包括起始温度、降温区间和降温速率等。降温速率不宜过快，否则会影响晶形，且结晶速率偏低，同时还可能引起晶面过饱和度的差别陡升而出现母液包藏，以致影响了晶体的纯度。一般来说，晶体生长初期降温速率宜慢，到生长后期可稍快些。

结晶过程中必须进行良好的搅拌，因为动态结晶的速度要比静态结晶快得多。搅拌过程不能中断，否则晶体会很快沉降集结，而导致搅拌器再启动时损坏。搅拌速率也是一个重要的影响因素。搅拌速率过低，则晶体纯度不高且生长缓慢。搅拌速率过高，则易擦伤晶体，甚至刺激产生次极晶核，而不利于晶体生长和晶形完整，尤其在养晶阶段，必须慢速搅拌。

结晶结束过滤后，应以新鲜溶剂洗涤晶体，除去附着于晶体表面的杂质。为提高产品得率，可将含杂质较少的一次母液（第一次分离结晶后的母液)与晶体洗涤液合并,经浓缩后返回到下次脱色后的结晶液中再次结晶。

(四)植物甾醇中各组分的分离与精制

经过提取、精制得到的植物甾醇产品是一种混合物,要获得其中的单纯组分,尚需进一步分离。例如,利用豆甾醇的特征反应,先将植物甾醇制品乙酰化,再在乙酸中溴化加成得到豆甾醇乙酰四溴化物,经乙醇结晶后以锌粉处理并皂化,最后以丙酮再结晶即得到纯净豆甾醇。

此外,还可采用色谱分离法、超临界二氧化碳萃取法和有机溶剂多级分步结晶法来分离。例如,在植物甾醇制品中加入适量正丁醇,65℃溶解后,再添加少量冷水于25℃恒温搅拌2 h,保温过滤,滤饼干燥后再重新处理一次,即可得到含量在90%以上的β-谷甾醇;滤液经浓缩后,以正丁酮热溶,再加少量水于40℃恒温搅拌,待结晶恒定后保温过滤,得到滤饼再重新处理一次,可得到含量达70%以上的豆甾醇。

二、谷维素的作用及其生产技术

(一)谷维素的作用

谷维素是阿魏酸与植物甾醇的结合酯,其作为医药的有效成分是环木菠萝醇类阿魏酸酯,其产品无味,为白色至类白色结晶性粉末,其结晶形式因溶剂、溶析温度、酸碱度及个体组分而有粒状、针状、板状和粒簇状等形式。

谷维素可抑制胆固醇的吸收与合成,并促进胆固醇的异化和排泄,而具有降血脂和防治动脉粥样硬化等心血管疾病的作用。

在神经系统方面,谷维素可协调脑垂体及自主神经中枢发挥正常功能,防止自主神经功能失调和内分泌障碍,对周期性精神病、围绝经期综合征、经前紧张综合征、神经紊乱和血管性头痛等都有良好的防治作用。它的抗氧化作用明显,具有抗肿瘤、延缓衰老的作用。同时,它还有助于改善胃肠和肝脏功能,调理身体节律。因此,谷维素可作为功能活性成分,用于各类功能性食品。目前,已有谷维素与其他功能性食品基料(如磷脂、天然维生素E等)配制而成的各种营养补充剂面市,或用于老人专用奶粉、饮料及其他营养保健品中。

谷维素还是很好的护肤美容活性成分,它有助于促进寒冷条件下的皮肤血液循环,具有良好的御寒和护肤作用,是冬季护肤品的良好配剂。同时，它在抗氧化、吸收紫外线、预防皮肤脱水和角质化、防止更年期色素沉着和褐色素生成等方面都有较好的效果。

（二）谷维素的生产技术

作为米糠油生产的副产物，谷维素的提取一般都与毛糠油的精炼结合在一起。其生产方法有多种，并还在不断地改进，以简化工艺、提高得率和降低成本。

1.酸化蒸馏法

毛糠油经过两次碱炼后，其中的谷维素变成谷维素钠盐，被第二次碱炼的皂脚所吸附。将皂脚经酸处理分解成酸化油后，进行高真空蒸馏分离去大部分脂肪酸后，残留物（黑脚）中谷维素含量富集至20%～30%。然后，以碱性甲醇溶液皂化黑脚，使肥皂、蜡、游离甾醇等伴随物沉淀析出。滤去杂质后再以盐酸调节pH，使谷维素在甲醇酸性溶液中沉淀析出，得到谷维素粗品。最后，经洗涤、脱溶、真空干燥等精制工序得到精制谷维素成品。

酸化蒸馏法是早期生产谷维素的主要方法，其缺点在于工艺复杂、生产周期长、产率过低，现已逐渐被其他方法所取代。

2.弱酸取代法

取代酸化蒸馏法并被广泛采用的是弱酸取代法，其改进之处在于两点：首先，弱酸取代法不采用酸化和高真空蒸馏工序，而直接以甲醇碱液皂化处理碱炼皂脚；其次，弱酸取代法不使用盐酸，而用酸性较阿魏酸稍强的弱酸或弱酸盐（如酒石酸、柠檬酸、硼酸、醋酸、碳酸、磷酸二氢钠、柠檬酸二钠等），来还原谷维素钠盐为谷维素，以避免将皂还原为脂肪酸，使谷维素顺利从溶液中分离析出。

弱酸取代法的主要工艺过程是：经过两次碱炼后，将皂脚及其所吸附的谷维素钠盐溶解于碱性甲醇溶液中，使妨碍谷维素沉淀的杂质（磷脂、胶质、机械杂质等）沉淀析出，此时毛糠油中80%～90%的谷维素被富集于皂脚中；然后以弱酸或弱酸盐将滤液调节至微酸性（pH6.5左右），谷维素钠盐即还原生成谷维素而沉淀析出；最后，降温滤去肥皂甲醇溶液，洗涤精制得到谷维素成品。

与酸化蒸馏分离法相比，弱酸取代法的优点是工序少、生产周期短、设备简单、产率高、成本低、产品质量好。但也存在甲醇用量大、损耗较多的缺点，毛糠油中的谷维素总量只能回收34%左右。而且，对于酸价超过30的高酸价米糠油，也不宜使用此法。

3. 甲醇萃取法

甲醇萃取法是将毛糠油直接溶于碱性甲醇溶液中,分离去除不溶性糠蜡、脂肪醇、甾醇等不皂化物后,在加热状态下用弱有机酸调pH,冷却后谷维素钠即还原生成谷维素从甲醇液中析出。这种以甲醇直接萃取的方法,省去了弱酸取代法中的碱炼和皂脚补充皂化工序,大大简化了工艺,提高了产品得率。在最优条件下,谷维素的收率可比弱酸取代法提高1倍。

例如,按料液比1∶6～7的比例往毛糠油中加入氢氧化钠甲醇溶液,控制pH10.5～12.0,加热回流反应40 min;将上层甲醇萃取液分离出来,预热后调pH6.0,再静置过夜;然后,过滤得到谷维素粗品,其最终收率可达68%。

4. 吸附法

将毛糠油在真空度为0.1MPa下于200℃减压蒸馏除去脂肪酸,此时谷维素浓度被浓缩至3.5%,加入活性氧化铝进行吸附,附着在氧化铝上的油脂用已烷洗涤后,再用10%醋酸的乙醇溶液溶出,用水浴蒸馏回收乙醇,浓缩至干,得纯度为70%的粗品,再用已烷重结晶,得到精制品。

5. 非极性溶剂萃取法

采用非极性溶剂萃取法同时提取米糠油中的谷维素、维生素E和甾醇类物质,其原理是利用谷维素在不同pH时对于非极性溶剂溶解度不同的特点。当pH大于12.1时,谷维素在非极性溶剂中的溶解度很低;而当pH小于12时,却具有较高的溶解度;尤其是在pH8～9时,谷维素的溶解度非常高,而此时脂肪酸在非极性溶剂中的溶解度则很低。因此,利用这种性质可以免除弱酸取代法在甲醇溶液中的皂化步骤,只需简单地调节pH,就可得到高纯度的谷维素,同时还可以得到甾醇、维生素E等不皂化物。

先将米糠油碱炼皂脚用碱性甲醇溶解,并将pH调节至12.1以上,但需控制在不使其皂化,然后用已烷萃取。这时谷维素和游离脂肪酸在已烷中溶解很少,而只有中性物质如甘油酯、蜡和甾醇、高级醇、维生素E等不皂化物能溶于非极性溶剂已烷中,这一步骤就可以除去皂脚中的中性物质。

待两相分离后,在甲醇皂液相中加入酸,调节pH8.0～12.0,再用已烷萃取,可以得到高纯度、高得率的谷维素。非极性溶剂除已烷外,还可使用乙醚、石油醚、苯和各种液体烷烃等。该法的优点是操作简单、迅速、得率较高,且能同时得到甾醇、维生素E等。其缺点是同时还要使用极性溶剂甲醇,因而溶剂回收系统需两套,且在两相分层时互有混溶,造成溶剂和产品的损失。

6.溶剂分提法

溶剂分提法生产谷维素,主要是针对高酸价米糠油原料而设计的,对于以制取食用米糠油为主要目的的厂家很适用。而且,它对真空设备的要求不是很高,蒸馏温度也比同等条件下的单纯蒸馏更低,还能降低油中的农药残留量。对于高酸价米糠油提取谷维素并且同时精炼食用米糠油,希望蒸馏的真空度高,以期尽量减少谷维素在蒸馏时的热破坏。该工艺在蒸馏时不通入水蒸气,但由于真空度高,蒸馏温度反而降低到 210～220℃,油中的谷维素在此温度下很少被破坏,而更利于后道工序的收集。

高酸价米糠油经除杂、脱胶、脱色等预处理后,进行高真空蒸馏脱酸,然后经碱炼得到谷维素皂脚,最后经溶剂分提和精制处理即得精制谷维素成品。例如,2500 g 高酸价(酸值 61～62)毛糠油预处理后,在 210～220℃,15～50Pa 下进行高真空蒸馏,待酸价降至 7 左右后再进行碱炼处理,得到 480 g 皂脚,最后经溶剂分提、精制,可得谷维素。

对于高酸价米糠油,采用高真空脱酸工艺之所以能使谷维素得率提高,其主要原因在于在预处理及蒸馏脱酸工序中,谷维素的流失较少,加上脂肪酸的析出,从而提高了脱酸油中谷维素的含量,并使其大部分捕集入皂脚中。研究表明,不论是低酸价还是高酸价的毛糠油,按本工艺捕集入皂脚的谷维素占原料中谷维素总量的 70%～75%以上,而二次碱炼捕集的二道皂脚中的谷维素量仅有原料中谷维素总量的 55%左右。

对米糠油采用高真空脱酸并结合溶剂分提谷维素的工艺,无论是高酸价米糠油,还是低酸价米糠油,其谷维素的流失量都比老工艺少 50%左右,谷维素提取得率也提高 1%左右,食用米糠油精炼率也较高,为谷维素及米糠油的生产降低了生产成本,提高了经济效益。

三、廿八醇的生产技术

廿八醇最初是由美国的伊利诺伊大学运动健康研究所从小麦胚芽油中提取出来的,具有很好的抗疲劳作用,近年来发展很快。

廿八醇是一种廿八碳饱和直链脂肪醇,直链的末端连着羟基。其分子式为 $CH_3(CH_2)_{26}CH_2OH$,为白色粉末或鳞片状晶体,熔点为 81～83℃。廿八醇不溶于水,可溶于热乙醇、乙醚、苯、甲苯、二氯甲烷、氯仿和石油醚等有机溶剂。它不吸潮,对酸、碱、光、热和还原剂都很稳定。

廿八醇一般以蜡酯形式存在于自然界中许多植物的叶、茎、果实等表皮中，如苹果皮、葡萄皮、苜蓿、甘蔗、小麦和大米等的蜡质中，此外在蜂蜡、米糠蜡、甘蔗蜡和虫白蜡等商品蜡中也都有廿八醇存在。小麦胚芽中廿八醇含量较高，达到 10 mg/kg，胚芽油中更高达 100 mg/kg。此外，廿八醇也广泛存在于人的皮脂和脏器脂质中，以及动物脂质（如羊毛蜡、鲸蜡、鱼卵脂质等）和昆虫分泌的蜡质（虫白蜡、虫胶蜡和蜂蜡等）中。

廿八醇是应用微量就能显示出活性作用的物质，其主要生理功能包括增进耐力、精力、体力，提高反应灵敏性，提高应激能力，提高机体代谢率等。

廿八醇在天然物中含量很低，属于难以提取的高附加值成分。日本的廿八醇商品，廿八醇含量一般在 10%～15%，系 C_{22}～C_{36} 脂肪醇混合物，其中多数厂家的廿八醇产品中廿八醇含量在 12%，名为廿八醇，实际上是一种商品名称。究其原因，大多是生产厂商出于对产品生产的卫生安全和降低生产成本的考虑。

廿八醇制取原料来源较广，除米糠蜡外，还有蜂蜡、蔗蜡和虫白蜡等，但这些天然蜡的资源均是有限的，且价格较贵。若结合米糠油综合利用制取廿八醇，则具有原料丰富、价格低廉的优势，生产成本可明显降低，经济效益显著。

廿八醇商品大多数是以米糠油和米胚芽油为原料提取的，其生产工艺各不相同，典型的工艺包括：①蜡皂化分解，除皂提取脂肪醇；②蜡皂化分解，有机溶剂提取脂肪醇；③蜡酯醇解，通过真空蒸馏脱除脂肪酸低级醇酯，得脂肪醇；④蜡酯经酸分解，再经超临界流体浸出脂肪醇。由这些工艺方法得到的只是混合脂肪醇产品，其廿八醇含量较低，因此它对生产工艺的要求仅是将蜡酯中的脂肪酸与脂肪醇加以分离。为得到高纯度廿八醇，还要在醇酸分离的基础上，增加将混合脂肪醇再次分离提纯的工序。

目前，我国已成功地从米糠蜡中制取出较高纯度的廿八醇产品，其主要工艺过程是：①醇相皂化，将精蜡在醇相的碱溶液中加热皂化，并使其成金属皂，即为脂肪醇和金属皂的混合物；②溶剂萃取，上述混合物可以用极性溶剂或非极性溶剂提取脂肪醇，提取液蒸除溶剂，即得粗脂肪醇；③真空分馏，将粗脂肪醇分馏，截取廿八醇为主的馏分，经三次分馏，含量可提高至80%；④溶剂结晶在一定条件下进行溶剂结晶，可降低碘值、提高熔点和含量，同时溶剂结晶的作用还将使蜡状物的脂肪醇变为粒度细小的疏松晶体。

其他已报道的制备高纯度廿八醇产品的方法还包括：①以氢氧化钾乙醇液进行蜡的均质皂化，然后酯化不皂化物，再用分子蒸馏法分离；②将蜡皂化后，分离出未皂化物，再以氧化铝层析分离脂肪醇；③以不同溶剂处理蔗蜡皂化后的物质,可得到不同纯度的廿八醇产品。

四、肌醇的生产技术

肌醇最初被普遍称为肌糖,其化学结构与葡萄糖极为相似,其中只有肌型肌醇具有生物活性。自然界中存在着丰富的肌醇。一切动物和植物组织中都含有肌醇,且其含量一般都比维生素高。植物细胞中肌醇以植酸的形式存在,动物细胞中肌醇主要以磷脂的形式出现,人体中肌醇大都储存于脑、心肌和骨骼肌肉中。

肌醇,即环己六醇,分子量为180。它有8种顺反式立体异构体,其中仅有1种立体异构体具有旋光性,因此,实际上肌醇共有9种不同的存在形式。

目前,对肌醇生理功能的了解表明,它是存在于机体各组织(特别是脑髓)中的磷酸肌醇的前体物质,并为肝脏和骨髓细胞生长所必需。同时,肌醇还可促进脂肪代谢,减少脂肪肝的发病率。它有利于降低胆固醇,预防脂肪性动脉硬化,并保护心脏。

国内生产肌醇多以米糠饼粕为原料,提取出其中的植酸盐再水解而得,其生产工艺路线大体相同,仅部分工序的顺序和操作条件略有差异。无论采用何种工艺,目的都是为了充分利用原料、提高肌醇的产率和质量、降低生产成本。

肌醇的生产工艺为:植酸钙在一定条件下加水即分解为肌醇和磷酸盐等,其水解产物的组成与植酸钙的来源有关。例如,由米糠中提取的植酸钙水解后生成肌醇、磷酸钙、磷酸镁、磷酸钙镁和磷酸二氢钙等,可能还含有少量的磷酸和磷酸氢钙等产物。水解作用可在常压或加压条件下进行,但常压水解需加催化剂,且水解周期长产率低,所以一般均采用加压水解。另外,如果植酸钙原料是干品,则送入水解工序之前需经水打浆处理。

为除去植酸钙水解产物中的磷酸和酸式磷酸盐等水溶性杂质,可在水解液中加入石灰乳中和,使之沉淀,以便使之与其他不溶性杂质一同过滤出去。过滤后的滤液经活性炭脱色、过滤、浓缩后即可得到粗制肌醇。粗制肌醇中含有钙、氯和硫酸根等杂质离子,它经一系列精制步骤,最后干燥可得精制肌醇成品。

将常规法得到的水解液通过阳、阴离子交换树脂,以净化溶液中的无机酸和无机盐的方法,即为离子交换树脂净化法。离子交换树脂净化法生产肌醇不仅有利于提高产率，还可缩短工艺流程，降低生产成本，但离子交换树脂再生较困难，再生费用也较大。

五、白藜芦醇及其制备途径

白藜芦醇也称为芪三酚，属二苯乙烯芪类，较多存在于葡萄的树枝和叶中，也存在于果皮和种子中。“白藜芦醇作为一种重要的植物抗毒素，具有多种医疗保健作用，近年来其在保健品、食品、医药、植物生理等领域在国内外得到广泛深入的研究。”①

白藜芦醇主要存在于葡萄、虎杖、花生、桑根、买麻藤和朝鲜槐等植物中，它具有顺式和反式两种异构体形式，自然界中多以反式形式存在。白藜芦醇是植物（主要为种子植物）受到外界伤害或真菌侵袭时合成的一种抗毒素。

红酒的消费量与心血管疾病发病率呈负相关，这种现象引起了人们的普遍关注。关于酒中存在白藜芦醇的报道，使得人们开始认为白藜芦醇有可能就是红酒中的生物活性成分。

白藜芦醇为无色针状结晶，熔点为256～257℃，261℃升华。易溶于乙醚、乙酸乙酯、氯仿、甲醇、乙醇和丙酮等有机溶剂。366 nm的紫外光照射下会产生荧光，并能和三氯化铁-铁氰化钾起显色反应。

白藜芦醇是植物为抵御外界侵害而产生的一种抗毒素，其中以葡萄中的含量最高。白藜芦醇具有多种生物活性和药理作用，它具有抗氧化、调节血脂、抗血栓、抗炎症、抗诱变和防癌抗癌等生理功效。

目前，高纯度白藜芦醇的制备主要有三种途径，即天然提取、化学合成和生物合成。天然提取法会受到原材料来源的限制，而且操作烦琐，得率较低，导致提取成本相对较高。白藜芦醇的生物合成研究起步较晚，利用植物细胞悬浮培养技术合成白藜芦醇，可以大大降低生产成本，提高产品品质，是一种极有前途的合成方法。

---

①　李先宽，李赫宇，李帅，等. 白藜芦醇研究进展[J]. 中草药，2016，47(14)：2568－2578.

第四节　功能性植物甾醇食品开发应用

“植物甾醇是植物中存在的一大类化学物质的总称，包括植物甾醇和植物甾烷醇。植物甾醇的化学结构与胆固醇相似，对脂代谢具有调节作用。”[①]目前，芬兰已上市富含植物甾醇(PE)的人造黄油，价格为通常黄油的5～6倍，显出很广阔的市场前景，摄食含植物甾醇酯制品是安全的(除少数存在植物甾醇代谢障碍患者外)，PE可作为一些高血脂或高胆固醇患者非常好的首选食品。

植物甾醇不仅可包含于高脂制品，还可含于一些低脂制品，如低脂涂抹，或者可以在不加脂肪条件下以胶囊形式出现。另外，还有一种市场需求，就是要求植物甾醇能添加于饮料、含乳饮料及一些非脂食品中。

一、功能性植物甾醇食品功能

功能性植物甾醇食品包括了添加有游离型或酯化型植物甾醇或甾烷醇的任何食品。通常认为，植物甾醇化合物应该以脂溶形式较好。目前，仅植物甾烷醇酯和植物甾醇酯符合这个标准。

20世纪90年代早期，在少数胆固血症的非糖尿病及糖尿病患者中，引入谷甾烷醇酯来降低它们的血清胆固醇(CHOL)，取得了不错的效果。之后，在许多患者研究中发现富含甾烷醇酯的人造黄油可降低10%～15%的血清总CHOL，以及高达20%的低密度脂蛋白胆固醇(LDL-CHOL)。此类病症包括：①良性或家族胆固血症(包括小孩及成年人)；②2型糖尿病；③绝经后的急性心肌梗死；④结肠切除。在正常胆固醇血症患者中，也可看到这种效果。摄食含甾烷醇酯的人造黄油对降低LDL-CHOL具有一个较持续的而且特定的效果。偶尔，也可观察到高密度脂蛋白胆固醇(HDL-CHOL)的增加，而甘油三酯或极低密度脂蛋白(VDLD)值通常保持不变。

摄食较低含量的CHOL，也可观察到植物甾烷醇酯的降胆固醇效果。这意味着，它不仅可抑制膳食CHOL的吸收，还可抑制胆汁CHOL的吸

① 常翠青．植物甾醇与心血管疾病的研究进展和应用现状[J]．中国食物与营养，2016，22(6)：76－80．

收。这样的话,胆汁 CHOL 的排泄量随着甾烷醇酯的摄取量的增加而上升。另外,甾烷醇在富含黄油膳食中也相当有效。至今,对不同膳食脂肪组成影响植物甾醇的效果还了解不多。当血清植物甾醇及胆甾烷醇(抑制 CHOL 吸收的固醇化合物)的减值趋向最高时,CHOL 的下降效果通常在那些较高 CHOL 水平或较高 CHOL 吸收率的人群中最佳。血清中植物甾醇及胆甾烷醇与 CHOL 的比例随着甾烷醇摄食量的增加而不断下降,同时可检测到谷甾烷醇或樟甾烷醇的增加,甚至在长期摄食过程中,其量仍很小。这可能是由于甾烷醇的快速胆汁排泄的缘故。

0.8～3 g/d 的摄食量可降低 CHOL 的吸收率达 45%。粪便谷甾烷醇的增加值为 2.3 g/d,该值为膳食摄取量的总回收率。粪便脂肪以及胆汁酸没有变化,然而下降的吸收效率使 CHOL 在粪便中的排泄增加 32%,而 CHOL 增加 15%($P<0.01$)。甾醇的前体物质(胆甾烯醇、链甾醇以及烯胆甾烷醇)与 CHOL(CHOL 合成的标记)的比例在血清中的量与甾醇平衡数据呈正相关递增,而与胆甾烷醇、植物甾醇以及 CHOL 的吸收呈负相关。LDL-CHOL 的下降值越高,前体甾醇比例与 CHOL 合成的增加也越高,而且反映 CHOL 吸收或者 CHOL 吸收比例的甾醇比例的下降值也越高。

摄食甾醇可以明显地降低血清 CHOL 含量。但是,甾醇酯的摄食会导致血清植物甾醇的浓度增加。植物甾醇量从 0.83 g/d 分别增加至 1.61 g/d 和 3.24 g/d 两个水平时,这两个剂量的降血清 CHOL 效果几乎没有明显的差别,都介于 4.9%～9.9%范围。可以得出,1.6 g/d 的摄食量既可起到影响血浆 CHOL 浓度的效果(有益的),也不会影响血浆的类胡萝卜素浓度。

二、植物甾烷醇酯的来源

植物甾醇酯在植物中也有天然存在,然而其含量随不同品种会有所差别,在大豆中的含量约是游离型植物甾醇的 1/2～1/3,然而大米胚芽中的含量要高得多。工业上从此类油料资源中制备植物甾醇酯,确保“量”是极其困难的。于是有必要积极地从其他一些工业废物中开发植物甾醇资源,纸制造过程中产生的副产物,如妥尔油中含有较高的植物甾醇,2500 吨松树大约可产生 1 吨的植物甾醇。相对植物油脂来说,妥尔油中的植物甾烷醇(主要为 β-谷甾烷醇)含量更高。一般甾烷醇酯都是先纯化制得植物甾醇,然后再对它进行氢化及酯化处理。

第五节　甾醇在调节植物生长发育中的研究

甾醇在所有真核生物的生长发育中发挥着重要作用，甾醇是生物膜系统的重要组分，如动物体内的胆固醇、麦角甾醇，植物体内的谷甾醇和菜油甾醇等都是膜的重要组成部分，可调节膜的流动性和通透性以及膜相关蛋白的活性，因此甾醇会影响到细胞功能。

甾醇又叫固醇，属于一种类固醇，是合成真核生物的各种类固醇激素的一种前体，比如，常见的存在于昆虫体内的蜕皮素、哺乳动物与生俱来的雄性激素、植物内部的油菜素内酯等都是甾醇。胆固醇是甾醇中最被人所熟知的，它对于细胞来说起着不可或缺的作用，影响着细胞的分裂、生长、死亡及发育期间的各种信号传导，离开胆固醇，细胞系统便不能正常运行。合成纤维素、调节激素的通路等活动，都离不开甾醇的参与，而且甾醇对于植物的胚胎发育、细胞的分裂过程及伸长过程等都有着极其重要的影响。

一、植物甾醇生物合成途径的基因及调控机制

甾醇不仅是真核生物细胞膜的重要结构成分，也是甾体激素生物合成的前体。植物甾醇广泛存在于植物的根、茎、叶、果实和种子中，以游离甾醇和结合甾醇的形式存在。它们主要由谷甾醇、豆甾醇和菜油甾醇组成。由菜油甾醇衍生的油菜素甾醇(BRs)可以作为激素信号，对植物的正常生长发育至关重要，并且在植物生长发育中的多种功能已被广泛研究，包括促进下胚轴伸长、茎秆伸长、花粉管伸长、减小叶倾角、抑制根发育及细胞分裂等。BRs 发现于 1970 年，与生长素、乙烯、脱落酸、赤霉素、细胞分裂素并称为植物的六大激素。

植物甾醇在合成期间会产生 BRs，BRs 合成的前体物质中就包括了菜油的甾醇及菜油甾醇的差向异构体。目前，专家已经开始广泛研究植物的甾醇及 BRs 的生物合成手段，同时，该合成手段中非常多的酶促反应产生的基因已经被众多的生化方法与遗传方法所审定。从环烯醇开始到在甾醇与 BR 的生物合成手段，其开始分散之处是 24-亚甲基苯酚，接着甾醇与菜油甾醇由平行分支制造产生，然后经由菜油甾醇的指定路径，最后会致使 BR 的生物合成。谷甾醇与菜油甾醇的生物合成过程中有两种基因参与到

了其中,也就是BR在合成过程中会出现基因突变,该突变会使植物发生矮化,矮化后的突变体对应着有两种基因,BR合成后的特异性路径的上游会受到这两种基因的影响。

二、甾醇对植物生长发育的调控

甾醇调控着植物的生长发育,对植物起着极其重要的作用,不仅是真核细胞膜重要的组成因素,还调节控制着细胞的伸长与分裂过程、光形态的组建过程和木质部分化过程等,而且调节控制着生物胁迫反应与非生物胁迫反应。一方面,甾醇是植物在正常的生长发育过程中必不可少的因素,对于植物的细胞分裂、植物的胚胎发生与生长发育来说发挥着极其重要的作用。另一方面,不仅植物的生长发育过程有甾醇的参与,生物胁迫反应与非生物的胁迫反应也都得到了甾醇的支持和帮助,如盐碱和病原体及极端温度等。另外,逆境胁迫反应中也有植物甾醇的参与,是作为信号分子参与到其中的,油菜素甾醇是一种非常关键的植物激素,对逆境胁迫反应起着不可估量的作用。

(一)甾醇调节植物气孔发育

气孔发育模式是研究植物关于细胞自我更新、细胞不对称分裂和细胞命运决定的分子机制的良好模型系统。在植物气孔发育过程中,细胞不均等分裂是平衡细胞的自我更新和细胞分化的重要策略。控制气孔发育过程中细胞不对称分裂和细胞分化的基因及细胞分化过程中的调控因子已有大量研究。例如,拟南芥C-14还原酶基因FACKEL(fk)的一个弱等位基因(fk-J3158),该基因突变表现出叶片表皮细胞小和气孔聚集的特点,这是气孔不对称分裂缺陷突变体中常见的现象。fk-J3158的突变阻断了下游甾醇的产生,突变体对应于甾醇生物合成途径的同一分支中的酶,这意味着它们有着相同的机制来调控气孔发育。对野生型拟南芥使用C-14还原酶抑制剂苯丙草胺(FEN)后出现了异常小细胞和气孔聚集的表型。当DWF5这一步被阻断时,下游产物减少的同时上游甾醇会有一定的积累,但是DWF5没有出现气孔异常的表型不同的突变体会产生不同的甾醇衍生物,这些衍生物可能也会引起气孔产生缺陷表型。因此,植物气孔的正常发育离不开甾醇正常的生物合成。

（二）甾醇调节植物维管组织的发育

植物从水里往陆地进行迁移的过程及高等植物建设的过程中，有一个非常重要的环节便是维管组织的进化环节。维管组织可以使植物较好地适应陆地的环境。除了具有机械支撑的作用，还能作为一种运输通道，为植物输送水分和激素、营养物质乃至植物四周的小 RNA 分子，所以，对于植物的生长发育来说，植物的维管组织起着非常重要的作用。维管模式缺陷的植物突变体是由于甾醇生物合成的缺陷而导致的，虽然这类突变体的植株整体比较矮，而且在 BRs 的合成上游也有缺陷，但是这些突变体和 BR 缺陷的矮化突变体并不相同。所以甾醇和 BRs 在植物的生长发育过程中的影响不一样。细胞正常的分裂与扩张过程受到影响的时候，便是这部分突变体内缺少一部分特定的甾醇或者是这部分甾醇含量非常低的时候。区别于 BRs 的特定甾醇分子或许有特定信号的作用，使细胞能够正常地分化和扩张，突变体内会产生一部分新甾醇，而且多种类型甾醇的中间体积累到不正常的水平，这些甾醇中的任何一种成分皆有可能影响到内源性甾醇转导的信号系统，进而影响到维管模式正常的生长发育。

许多信号通路的相互作用比较复杂，能调控着维管组织的生长发育，而甾醇是组成维管的重要部分，这可以从一部分甾醇生物合成的突变体表型中看出来。和真叶维管模式的缺陷相比，突变体幼苗子叶的维管模式缺陷更加严重。这部分的维管缺陷表型不同于 BR 突变体，BR 突变体的植株较为矮小，虽然植物维管的组织分化过程非常需要 BR 的信号通路，但细胞模式与维管组织影响到 BR 突变体的程度是比较小的。

生长素的具体分布与生长素转导的基因表达会影响到根尖分生组织的功能运行，所以，植物根尖生长素转导的不正常的基因表达会导致甾醇突变体的根尖分生组织功能产生缺陷，这说明甾醇可以调节细胞的极性及生长素的分布。

（三）油菜素内酯 BRs 与其他激素之间的关系

BRs 不仅是一种非常重要的植物激素，还是植物甾醇合成过程中的产物，能够调节植物的生长发育过程。通常来看，规定浓度的 BRs 能够提高作物的品质与产量，影响作物抗逆性的提高。油菜素内酯属于固醇类化合物的一种，能够促进植物的生长发育，植物的大部分器官中都有油菜素内酯的身影，如花的花粉和茎尖伸长区及还没有萌发的种子。BR 的感知活动是在膜定位受体上实现的，BR 转导的信号是通过下游的细胞质调节因子传递到细胞核内的，然后 BR 会被下游细胞质调节因子激活，从而支持基因的转录活动，进一步推动细胞的生长发育。

植物在生长发育期间，所有激素之间都联系密切，任何一种激素都不能脱离群体单独生存，也不能在植物的生长发育过程中单独表现自身的功效。所以，对于植物的发育来说，BRs 也不是独立起作用的，它会和其他的植物激素共同作用，从而形成一个错综复杂的、体系庞大的植物激素网络，进一步对植物的生长发育起到一定的调节作用。BRs 能够控制生物合成，是通过酶的活性来完成的，而这些酶的活性是 ACS(ac-合成酶)与 ACO(ac-氧化酶)合成后所需要的。BR 信号通路里主要转录因的活性会随着 BRs 含量的升高而降低，ACS 的稳定性会随之提高，蛋白酶体的降解活动也会被阻碍，生物合成因此会被激活。

（四）甾醇在调节逆境胁迫相关的研究

在植物的逆境胁迫情况下，通过植物甾醇的生物合成路径而产生的 BRs 会起到非常重要的作用。在植物成长发育过程中，植物的激素属于植物孕育的信号分子，这部分分子会被传送到植物的各个部位，而且对植物的生长发育起到重要的调节作用。或许植物激素是抗性基因所表达的起始因子。植物源激素的平衡会被不利的条件所改变，从而使得代谢方式也发生了改变，这大概就是抗性基因的激活和表达共同作用产生的结果。它们和其他的激素共同作用，从而调节着对非生物胁迫的适应，如盐度、气候干旱及温度变化等。

比如，在盐胁迫的情况下，大豆根部内的谷甾醇还保持着最初的含量，并没有发生改变，但是，总甾醇和饱和脂肪酸的含量却发生了变化，发现总甾醇的含量变少了，而饱和脂肪酸的含量却大大增加了，由此可见，盐胁迫活动造成的生理伤害，是可以通过保持细胞膜内主要甾醇含量的稳定性来抵抗的。

作为一种极具重要的生理活性物质，植物甾醇对于植物的生长发育起着非常重要的调节作用。植物甾醇在植物的生命周期的每一个方面都有着举足轻重的地位，比如，从植物的细胞分裂、扩张和生殖，到植物的气孔导度与根系生长发育，以及植物各类生理生化的功能等。现如今，关注 BRs 的植物学家越来越多，BRs 作为一种植物激素，对于植物的生长发育与抗逆起到了不可或缺的影响作用。

细胞膜之所以能够保持一定的稳定性，是因为植物甾醇有着别具一格的分子结构，在逆境胁迫的情况下，细胞膜的稳定主要是由植物甾醇含量的相对变化来维持的，同时，逆境胁迫活动产生的生理反应离不开作为信号分子的植物甾醇的参与。在多年前的研究里，植物研究中研究最好的信号通路，其中之一便是 BR 通路。在植物生长发育的系统中，植物甾醇的作用机制仍然需要进一步研究，如植物细胞的分裂与细胞壁的再生、细胞的形态发生与细胞骨架组织等。

第七章　生物碱及其开发应用研究

生物碱是存在于自然界中的一类含氮的碱性有机化合物，有似碱的性质，有显著的生物活性，是中草药中重要的有效成分之一。本章研究生物碱的结构与性质、生物碱的主要功能表现、生物碱的提取技术、生物碱植物资源的开发应用、中药生物碱类化学成分的毒性作用。

第一节　生物碱的结构与性质阐释

生物碱是指天然产生的一类存在于生物界（主要是植物）中含氮的有机化合物；多数具有碱性且能和酸结合生成盐；大部分为杂环化合物且氮原子在杂环内；多数有较强的生理活性（低分子胺类如甲胺、乙胺，而氨基酸、氨基糖、肽类、蛋白质、核酸、核苷酸、维生素等除外），是中草药的有效成分。

一、生物碱在生物界的分布及存在形式

生物碱主要分布于植物界，绝大多数存在于高等植物的双子叶植物中，已知存在于 50 多个科的 120 多个属中。与中药有关的一些典型的科有毛茛科（黄连、乌头、附子）、罂粟科（罂粟、延胡索）、茄科（洋金花、颠茄、莨菪）、防已科（汉防己、北豆根）、豆科（苦参、苦豆子）等。单子叶植物也有少数科属含生物碱，如石蒜科、百合科、兰科等，百合科中较重要的有贝母属。少数裸子植物如麻黄科、红豆杉科、三尖杉科也存在生物碱。

在植物体内，少数碱性极弱的生物碱以游离态存在，如咖啡碱与秋水仙碱等；有一定碱性的生物碱多与有机酸（苹果酸、枸橼酸、酒石酸和鞣酸等）结合成盐类，呈溶解状态存在于液泡中；少数以无机酸盐形式存在，如盐酸小檗碱、硫酸吗啡等；其他存在形式尚有 N-氧化物、生物碱苷等。

二、生物碱的分类

生物碱种类繁多，主要有以下 12 类：

有机胺类：氮原子位于直链上，如麻黄碱、益母草碱、秋水仙碱等。

吡咯烷类：如古豆碱、千里光碱、野百合碱、娃儿藤碱等。

吡啶类：如烟碱、槟榔碱、半边莲碱、苦参碱等。

喹啉类：如奎宁、喜树碱等。

异喹啉类：如小檗碱、吗啡、粉防己碱、石蒜碱、可待因、青藤碱、锡生藤碱等。

喹唑酮类：如常山碱等。

吲哚类：如利血平、长春新碱、麦角新碱、士的宁等。

莨菪类：如莨菪碱、东莨菪碱、可卡因等。

亚胺唑类：如毛果芸香碱等。

嘌呤类：如咖啡碱、茶碱、香菇嘌呤、石房蛤毒素等。

甾体类：如茄碱、贝母碱、藜芦碱、澳洲茄碱等。

萜类：如猕猴桃碱、石斛碱、乌头碱、飞燕草碱、黄杨碱等。

三、生物碱的理化性质

（一）生物碱的性状

1. 形态

生物碱一般为固态，少数为液态。固态一般为结晶形，有些为无定形粉末。液态生物碱一般不含氧元素或氧原子以酯键存在，如烟碱、毒藜碱、槟榔碱等。液态生物碱常压下可随水蒸气蒸馏。

生物碱一般都具有确切的熔点或沸点，有的具有双熔点，如浙贝乙素、防己诺林碱等。少数生物碱具有升华性，如咖啡因等。

2. 味道

生物碱多数具苦味，有些味极苦，如盐酸小檗碱。少数具有其他味道，如甜菜碱具甜味等。

3. 颜色

生物碱一般是无色的，如喹啉，但结构中若具有较长的共轭体系，则在可见光区域（400～800 nm）呈现各种颜色。如蛇根碱呈黄色，小檗红碱呈红色。小檗碱本身显黄色，若被还原成四氢小檗碱，因共轭系统减小而变为无色。一叶获碱的共轭系统并不大，但氮上的孤电子对与共轭系统形成跨环共轭而显淡黄色，当它与酸生成盐，不再形成跨环共轭系统，则变成无色。

（二）生物碱的旋光性

大多数生物碱存在手性碳原子，具有光学活性，且多为左旋。旋光性与手性原子的构型有关，具加和性。影响旋光度的因素有很多，除手性碳原子的构型外，测定时所用的溶剂、pH、浓度、温度等都有一定的影响。

如麻黄碱在三氯甲烷中呈左旋光性，而在水中呈右旋光性；北美黄连碱在丙酮或95%以上乙醇中呈左旋光性，而在稀乙醇中呈右旋光性，并且随醇浓度降低而右旋光性增加。烟碱、北美黄连碱在中性条件下呈左旋光性，而在酸性条件下呈右旋光性。

（三）生物碱的溶解度

游离生物碱极性较小，不溶或难溶于水，能溶于三氯甲烷、乙醚、苯、丙酮、乙醇等有机溶剂，也能溶于稀酸的水溶液而生成盐类。生物碱盐类易溶于水和乙醇，不溶或难溶于有机溶剂，此性质可用于生物碱的提取、分离和纯化。也有少数生物碱既可溶于低极性和极性有机溶剂，又可溶于水，这类生物碱一般包括分子量较小叔胺碱和液态生物碱，如麻黄碱、苦参碱、秋水仙碱、烟碱、毒黎碱等；小檗碱可溶于水，其盐在冷水中反而不溶；酚性生物碱可溶于氢氧化钠溶液。所有季铵盐生物碱由于能离子化，亲水性强，因此均可溶于水。

（四）生物碱的沉淀反应

大多数生物碱能和某些试剂生成难溶于水的复盐或分子络合物等，这些试剂称为生物碱沉淀试剂。沉淀反应也可用于分离纯化生物碱，某些沉淀试剂产生的沉淀具有完好的结晶和一定的熔点，可用于生物碱的鉴定。生物碱沉淀试剂种类较多，根据其组成有碘化物复盐、重金属盐和大分子酸类三大类。

生物碱沉淀反应一般是在弱酸性水溶液中进行的，苦味酸试剂和三硝基间苯二酚试剂也可在中性条件下进行。植物的酸水浸出液常含有蛋白质、多肽、鞣质等，也能与生物碱沉淀试剂产生沉淀。所以，在生物碱的检识中应注意此类假阳性结果的排除，可在反应前先将酸水液碱化后用三氯甲烷萃取游离生物碱，除去蛋白质等水溶性杂质，然后用酸水自三氯甲烷中萃取生物碱，再进行沉淀反应。个别生物碱与某些生物碱沉淀试剂不能产生沉淀，如麻黄碱、咖啡碱等与碘化钠钾试剂不产生反应，因此，进行沉淀反应，需用3种以上试剂才能确证。

（五）生物碱的显色反应

某些生物碱能与一些由浓无机酸为主的试剂反应呈现不同的颜色，这些试剂称为生物碱显色试剂。这些显色试剂常可用于检识和区别个别生物碱，如 Macquis 试剂（含少量甲醛的浓硫酸）使吗啡显紫红色，可待因显蓝色；Mandelin 试剂（1%钒酸铵浓硫酸液）使莨菪显红色，吗啡显棕色，士的宁显蓝紫色，奎宁显淡橙色；生物碱显色剂对一些生物碱也可能不显色，如 Macquis 试剂不能使可卡因、咖啡碱显色等。

第二节　生物碱的主要功能表现

一、生物碱的抗肿瘤功能

从石蒜科的几种植物中分离可得到 20 余种生物碱，其中伪石蒜碱具有抗肿瘤活性，豆科植物苦豆子根茎中获得的槐果碱也有抗癌作用。

10-羟基喜树碱、10-甲氧基喜树碱、11-甲氧基喜树碱、脱氧喜树碱和喜树次碱等，对白血病和胃癌具有一定的疗效。

从卵叶美登木阴、云南美登木、广西美登木及它们的亲缘植物变叶裸实中分离得到的美登素、美登普林和美登布丁 3 种大环生物碱，具有较好的抗癌活性。

掌叶半夏在民间用于治疗宫颈癌，其中含葫芦巴碱，对动物肿瘤有一定的疗效。

从三尖杉、篦子三尖杉和中国三尖杉中分离出近 20 种生物碱，其中三尖杉酯碱和高三尖杉酯碱对急性淋巴细胞白血病有较好的疗效。

二、生物碱在神经系统中的功能

从防己科植物中分离出大量的生物碱，尤其是在千金藤属和轮环藤属植物的根部获得了几十种异吡咯生物碱，具有较强的生理活性，多数具有镇静和止痛作用。从山莨菪中分离得到的樟柳碱，虽然其抗胆碱作用比东莨菪碱及阿托品稍弱，但毒性较小，对偏头痛型血管性头痛、视网膜血管痉挛和脑血管意外引起的急性瘫痪都有较好的疗效，同时它还可用作中药复合麻醉剂。

从乌头属的 16 种植物中得到的 40 多种二萜生物碱具有止痛作用。

从蝙蝠葛中提取出的蝙蝠葛苏林碱，其溴甲烷衍生物具有肌肉松弛作用。

从瓜叶菊中获得的瓜叶菊碱甲、瓜叶菊碱乙，以及从猪屎豆属植物中获得的猪屎豆碱，均具有阿托品样作用。

从胡椒中分离的胡椒碱，临床上称为抗痛灵。

另外，从八角枫中分离得到了肌肉松弛有效成分八角枫碱，从延胡索中分离得到了 10 多种止痛生物碱。

三、生物碱在心血管系统中的功能

莲心中的莲心碱和甲基莲心碱季铵盐有降压作用。

马兜铃和广玉兰叶中的广玉兰碱有显著的降压作用。

从钩藤中得到的钩藤碱，有降血压、安神和镇静的作用。

从小叶黄杨中分离出的环常绿黄杨碱，对典型心绞痛的改善、血清中胆固醇的降低及高血压都有较好的疗效。

四、生物碱的抗菌和抗疟功能

苦豆子中所含的生物碱对治疗细菌性痢疾、肠炎具有显著疗效。

从黄藤中得到的生物碱，对白色念珠菌有明显的抑菌作用。

从菊叶三七中分离得到的菊三七碱具有抗疟作用。

除此之外，昆明山海棠所含的总碱能治疗类风湿性关节炎。

第三节　生物碱的提取技术分析

紫杉醇是一种四环二萜类生物碱，主要存在于红豆杉科植物中。由于其抗癌机制独特且抗癌活性广谱、高效，紫杉醇已成为继阿霉素和顺铂后最热的抗癌药物。喜树碱属喹啉类生物碱，广泛存在于喜树的果实、根、树皮中，是继紫杉醇之后获准上市的具高效抗癌活性的天然药物。下面以喜树碱为例，探讨生物碱的生产技术。

喜树属山茱萸目珙桐科旱莲属植物，落叶乔木，分布于我国长江流域及西南各省和印度部分地区，我国的台湾、广西、河南等地区也有栽培。1966年从喜树的皮中分离出喜树碱(CPT)，这种生物碱具有抗癌活性，从而引起了人们的广泛关注。

人们先后从喜树果实、根、树皮中发现31种化合物，其中喜树碱及其衍生物10余种，它们有良好的抗癌活性。由于喜树碱不溶于水，加之其钠盐毒副作用较大，因此人们对喜树碱的结构改造进行了广泛研究，旨在提高其溶解度，降低毒性，延长内酯环在体内的保留时间及增加生物活性等。

迄今所报道的喜树碱衍生物已经达数百种，其中，羟基喜树碱(HCPT)、拓扑替康(TPT)、伊立替康(CPT-11)及氨基、硝基喜树碱等在临床显示了广泛的抗癌活性。目前喜树碱类药物已进入临床阶段，并获美国FDA的批准，成为继紫杉醇之后第二个获准上市的具抗癌活性的天然药物。总体来看，临床试验所开发的衍生物主要有两类：一类是以CPT-11和TPT为代表的水溶性衍生物；另一类是以9-硝基和9-氨基为代表的喜树碱的水不溶性衍生物。

20世纪70年代初，喜树碱进入临床研究阶段，用喜树碱进行人体胃肠癌的实验性治疗，对部分患者的症状有所缓解；用其钠盐的水溶液及腹腔注射方式还可治疗白血病和其他一些癌症。

喜树碱的天然提取法制得的CPT为S构型，活性高。但由于含CPT的天然植物资源有限、CPT含量少且易受季节、产地等因素的影响，从而限制了该法的广泛应用。

天然提取法主要有有机溶剂提取与萃取分离、碱法提取、柱层析提取分离和大孔树脂吸附法等方法。有机溶剂提取与萃取分离所得产品的纯度稍低，颜色较深，但步骤简单，回收率高，后处理方便；碱法提取有提取时间短、提取率高等优点；柱层析提取分离和大孔树脂吸附法所得产品的纯度高，但得率稍低，步骤烦琐。

一、有机溶剂提取与萃取分离

原料经粉碎按渗滤法以70%～90%乙醇为溶剂，提尽可溶成分，浓缩渗滤液，滤除不溶物，在滤液中用氯仿提取多次，合并氯仿提取液，回收氯仿，于残留物中加氯仿∶甲醇(1∶1)并回流加热，分去不溶物，冷却溶液，CPT

即可结晶析出，重结晶后可得纯品，熔点260℃以上即可供药用。如果反复重结晶，熔点可以进一步提高。CPT的毒性较大，在提取时需小心操作。

二、碱法提取

以乙醇为溶剂提取CPT不仅成本高，且通常提取时间较长，能量消耗较大。以稀NaOH溶液为溶剂成本低，提取反应在常温下进行，提取时间短，提取率也较高，且无消防要求，是一种相对于乙醇提取较理想的提取方法。

三、柱层析提取分离

柱层析法的基本过程是先用氯仿提取，再向提取液中加工业乙醇，后用乙酸乙酯提取，经常压浓缩，即得提取液。将提取液进行柱层析，洗脱液为含2%、4%甲醇的氯仿，含2%甲醇溶剂部分析出为CPT，含4%甲醇部分析出的淡黄色棱柱状晶体，为HCPT。

四、大孔树脂吸附法

采用大孔树脂吸附法从喜树果中提取CPT的工艺要点如下：

第一，用80%乙醇室温浸泡24 h，共浸泡5次。

第二，采用AB-8树脂，27℃，1mol/L盐离子浓度pH8的水相作为上柱吸附条件，流速2BV/h进行吸附。

第三，用6倍床体积pH3的氯仿-乙醇(1∶1)混合溶剂洗脱，流速为2BV/h。

第四，浓缩，回收溶剂，再用氯仿-乙醇(1∶1)重结晶得CPT成品。

第四节 生物碱植物资源的开发应用

以下从紫杉醇角度出发，研究生物碱植物资源的开发应用。

紫杉醇属紫杉类药物，它是由紫杉的树干、树皮或针叶中提取或半合成的有效成分。早在20世纪60年代即发现美国西部紫杉树干的粗提物具有抗肿瘤活性。美国国立癌症研究所(NCI)在体外人癌细胞株筛选中发现，它对卵巢癌、乳腺癌和大肠癌疗效突出,对移植性动物肿瘤如黑色素瘤、肺癌也有明显的抑制作用。

一、紫杉醇的抗癌作用机制

当微管蛋白和主要组成微管的微管蛋白二聚体在与紫杉醇相遇后,不仅会失去自身的动态平衡,还可促进微管蛋白的聚合、防止解聚,从而使微管处于相对稳定状态,并以此来抑制癌细胞的生长。

微管主要由以多肽为单位构成的两条类似的微管蛋白二聚体形成,是真核细胞不可或缺的组成成分。具体而言,微管蛋白和组成微管的微管蛋白二聚体,二者在一般情况下处于动态平衡状态。紫杉醇的出现,使细胞在有丝分裂过程中难以形成纺锤丝和纺锤体,细胞的分裂和增殖受到了抑制,癌细胞也就停止在 G_2 期和 M 期,直至死亡。简言之,紫杉醇使微管蛋白和微管蛋白二聚体失去了动态平衡,进而起到抗癌的作用。

一方面,对于微管的结合,紫杉醇既具有依赖性,又具有可逆性。特别是紫杉醇与 N 端微管蛋白的 β 亚单位结合时,就会极大程度降低聚合所需的微管蛋白浓度,驱使动态平衡转向微管装配方向移动,同时增加了聚合的速率与产量。在紫杉醇诱导下形成的微管相对较短,且比正常形成的微管屈回性高出约 10 倍。

另一方面,紫杉醇对动物移植性及肺癌等有较长、较强的生长抑制。正常情况下,紫杉醇对有丝分裂必需的微管网的正常动态再生有抑制作用,可以有效防止正常有丝分裂垂体形成,在使染色体断裂的同时抑制细胞的复制和移动。具体而言,细胞的有丝分裂过程被紫杉醇改变,有丝分裂的正常持续时间在紫杉醇的影响下,从 0.5 h 增加到 15 h,细胞质的分解被抑制。多核细胞在此条件下形成,且继续恢复到期,并试图再次进行有丝分裂,但在此过程中并没有阻止细胞。不仅如此,在多细胞中还观察到微核。这种不正常的有丝分裂似乎与抑制纺锤体的形成有关。在体内试验中,紫杉醇对动物移植性癌、肺癌等都有较强的生长抑制作用。

此外,紫杉醇对于体内的免疫功能还具有调节能力,通过对巨噬细胞的作用,减少癌坏死因子受体,从而杀伤或抑制癌细胞。

二、紫杉醇临床应用的不良反应及处理

骨髓抑制、白细胞减少、轻中度神经症状及脱发等，往往是紫杉醇治疗癌症过程中的不良反应，具体表现与相应的预防措施如下：

第一，少量患者在使用紫杉醇治疗过程中出现明显的心血管不良反应，其中包括颤、轻度充血性心力衰竭、急性心肌梗死、室性心律不齐等。对于紫杉醇而言，临床的多种不良反应为其进一步应用带来了困难。然而，随着科研技术的进步和深入研究，目前已基本找到不良反应的应对措施，降低了药物使用的副作用。

第二，部分患者在使用紫杉醇治疗过程中出现严重急性过敏反应，使治疗受到干扰或被迫停止，影响了治疗。预防措施为事先使用组胺 H1、组胺 H2 受体拮抗剂和地塞米松后，可降低这些反应发生率至 50%以下。

第三，紫杉醇的剂量限制性毒性，其中中性粒细胞或粒细胞减少是最常见的。一方面，给予粒细胞集落刺激因子(G-CSF)，以及把输液时间从 24 h 调整至 3 h，以此降低毒性反应发生率；另一方面，与其他药物同用时，紫杉醇给药顺序对中性粒细胞减少的程度也有一定影响。此外，给患者输入药物后的 2～6 h 发生关节痛或肌肉痛，或者患者发生与剂量有关的外周神经病变等情况，均为剂量限制性的不良反应。

三、紫杉醇药用剂型的研究

由于紫杉醇具有较高的抗癌机制，所以在医学乃至其他相关行业获得了认可。然而，紫杉醇的应用受到了一定的阻碍。一方面，紫杉醇难溶于水；另一方面，紫杉醇临床应用的副作用较大。为了更好地救治患者，相关人员对紫杉醇的药用剂型研究始终没有放弃，积极探索和研究，以便找到克服以上困难的突破口。

（一）靶向制剂的研究

紫杉醇被誉为广谱抗癌新药，但因具有剂量限制性毒性(粒细胞减少或中性粒细胞减少)，往往会引起使用者室性心律不齐、骨髓抑制等毒副作用，使临床应用受到干扰或被迫停止。然而，若将紫杉醇制成靶向制剂，则可以提高在靶部位的药物浓度，从而降低血液与其他组织中的药物浓度。在提

高治疗效果的同时,有效降低了用药后的毒副作用。微球、脂质体、毫微球、脂质微球囊和乳剂等是一般采用的制备紫杉醇的靶向制剂的方式。相关数据显示,热敏脂质体制备的紫杉醇靶向制剂不仅减小了癌体积,还在极大程度上缓解甚至消除了紫杉醇的毒副作用,提高了抗癌活性。

(二)水溶性制剂的研究

由于紫杉醇难溶于水,因此临床使用的紫杉醇制剂多是紫杉醇与有机溶剂或油合成的油剂型制剂。相关数据显示,这些药物的载体会引发使用者一些不良反应,所以在用药过程中必须谨慎观测。随着科技和医疗技术方面的快速发展,近年来,研究人员将水溶性较大的一些分子载体与紫杉醇相结合,使紫杉醇更好地被带入水中。研究过程中主要采用了脂质体包裹、聚乙二醇衍生物制成乳剂、环糊精包合、粉针剂等。毋庸置疑,这一研究取得了突破性成就,并为解决紫杉醇水溶性问题开辟了一条新途径。

四、紫杉醇的应用前景

对于紫杉醇的研究而言,目前国内外研究方向虽然很多,但仍没有相对成熟的可进行工业化的生产,原因主要有以下几点:

第一,红豆杉树中的紫杉醇资源提取量不足,且对生态环境造成了一定的破坏。红豆杉从种植到栽培、从栽培到扦插,以及在红豆杉生长过程中还需解决各种问题,因为其生长缓慢且难负众望,因此无法保证持续生产或供给。

第二,由于紫杉醇的化学结构复杂、分子量较大,因此化学合成与半合成很难进行工业化生产。

第三,细胞培养法的中试投产也有一定困难,因发酵周期长且新高产细胞株选育耗时长,所以工业化大生产问题的研究和解决需要较长时间。

以下两个方面是紫杉醇未来的主要发展趋势。

(一)从红豆杉亲缘属植物中提取紫杉醇

尖杉是三尖杉科植物,主要分布于东南亚,属常绿乔木或灌木,我国最为常见。三尖杉科与红豆杉有着共同的起源,介于罗汉红松和红豆杉科的中间类群。与红豆杉相比,一方面,三尖杉分布更广泛,木材蓄积量大;另一方面,其生长快,可谓是获取紫杉醇较好的一条途径。

紫杉烷存在于红豆杉科的 5 个属中的 4 个,即红豆杉属、澳洲红豆杉属、白红豆杉属和榧属。根据植物化学分类学“亲缘关系相似的植物群具有相似的化学成分”的观点，该属的其余部分可能含有结构相似的化合物。该属仅有3种且主要分布于中国。因此，相关学者或工作人员有必要集中精力进行深入研究。

（二）真菌发酵法生产紫杉醇

相关学者及工作人员在研究过程中发现，短叶红豆杉的韧皮部分离可得到产生紫杉醇的真菌，以此为研究主线继续跟进，后又发现不仅可从短叶红豆杉、东北红豆杉、云南红豆杉、西藏红豆杉等红豆杉分离得到产生紫杉醇的真菌，还可从非红豆杉的植物分离中获取类似真菌。紫杉醇产生菌的分离和发酵液中的产量的提高不仅是微生物发酵法生产紫杉醇的关键问题，还是目前许多关键技术问题需要解决的。以下是可行设想：

第一，寻找一种特殊真菌调节剂。宿主植物在诸多植物微生物共生系统中所存在的部分微量化合物对微生物产生目的产物是必不可少的。从某种意义上来看，它既可以开启微生物中某些遗传机能，又可以催化目的产物的合成。相信在科研技术越发成熟的今天，选择紫杉醇产生的优良菌作为起始菌株，并通过诱变育种、细胞工程或基因工程对其进行转化，以筛选高产工程菌株进行工业化生产，如此便可彻底解决紫杉醇的来源危机。

第二，将紫杉醇基因组从红豆杉中分离出来，而后转移到真菌中，确保紫杉醇含量稳定提高。如果该基因组的分离顺利且成功，那么就可转移到细菌和酵母中。

第五节　中药生物碱类化学成分的毒性作用研究

生物碱常与酸类化合物结合以生物碱盐的形式广泛存在于罂粟科、茄科、豆科、茜草科等植物中。随着现代科学技术的不断发展，生物碱在抗肿瘤、抗炎、抗病毒、抗菌、降血糖、调节机体自身免疫及治疗心血管系统疾病方面显示了突出的疗效。然而，部分生物碱在发挥药理活性的同时会对机体的消化系统、中枢神经系统、呼吸系统、免疫系统等产生一定的毒性，这极大地限制了生物碱在临床的应用。因此，如何使生物碱发挥增效碱毒的作用，是研究人员重点关注并亟须解决的问题。

一、中药生物碱的临床毒性表现

长春花生物碱、吡咯嗪生物碱、紫杉烷类生物碱和乌头类生物碱的毒性主要表现为对心脏、肝脏、神经系统和呼吸系统的损伤。

(一)长春花生物碱的临床毒性表现

"长春瑞滨是目前临床上一种常见的化疗药物,但由于其常见药物毒性包括骨髓抑制、胃肠道反应、外周神经毒性及静脉毒性等,严重限制了临床的使用剂量。"[①]"从化疗药物的抗药性考虑,如剂量强度不够不仅不能杀灭癌细胞,相反会造成癌细胞对抗癌药物摄取减少或对损伤细胞的修补能力增加等而产生抗药性。"[②]长春瑞滨的最大耐受量为 35.4 $mg \cdot m^{-2}$,而剂量在 20 $mg \cdot m^{-2}$ 以下无效,临床推荐剂量为 25～30 $mg \cdot m^{-2}$。其剂量限制性毒性主要为神经毒性,使用长春瑞滨 4 个周期后,患者会出现踝关节抽动减少或消失、下肢远端感觉异常的轻度神经病变症状;使用 12 个周期后,患者还会出现手脚感觉异常、深部肌腱反射减退、踝周感觉减退等症状。长春瑞滨的常见毒副作用还包括静脉炎,与一般静脉炎相比,其皮肤坏死程度、疼痛感都较为严重:一开始穿刺处出现静脉局部红肿现象,沿静脉走向条束状改变,进而出现静脉处皮肤水疱、溃烂,直至结痂愈合。其他不良反应还包括中性粒细胞减少、发热、疲劳、胸痛、肿瘤部位疼痛等。

(二)吡咯嗪生物碱的临床毒性表现

吡咯嗪生物碱是来源于鸟氨酸的一类生物碱,其毒性主要来源于肝脏中的代谢产物——代谢性吡咯,因此,肝脏是吡咯嗪生物碱毒性的主要靶器官。2016 年,欧洲药品管理局规定肝毒性吡咯嗪核生物碱(HPAs)的每日摄入量不得超过 0.007 $\mu g \cdot kg^{-1}$,这也是近年来国外对 HPAs 最严格的规定。吡咯嗪生物碱中毒分为急性、亚急性和慢性。急性中毒的主要特征是出血性坏死、肝大和腹水;亚急性中毒时会出现肝静脉阻塞;而慢性中毒则会造成胆管上皮坏死、纤维化、肝硬化,严重时可导致肝衰竭。吡咯嗪生物

---

① 温旭智,杨觅,刘宝瑞,等.关于长春瑞滨在提高临床疗效及减轻副反应方面的研究进展[J].现代肿瘤医学,2015,23(8):1166－1169.

② 李子明,虞永峰,陆舜.长春瑞滨剂量强度对晚期非小细胞肺癌一线化疗影响分析[J].临床肿瘤学杂志,2008(2):115－118.

碱中毒对肺和心血管也具有不同程度的损伤，可造成肺血管重构、弹性近端肺动脉硬化、肌肉动脉内膜或中层增厚、内皮增生、动脉平滑肌扩散到无肌肉化的区域、正常肌肉化区域的平滑肌肥大、毛细血管闭塞等病变，而闭塞的毛细血管会增加流动阻力引起肺动脉压升高，进而增加右心的工作量，造成右心室肥大，最终导致肺心病。

（三）紫杉烷类生物碱的临床毒性表现

紫杉烷类生物碱作为一种有效的抗肿瘤药物，在发挥药效的同时伴随着严重的毒副作用。当紫杉醇的化疗剂量＞170 $mg \cdot m^{-2}$ 时会出现轻微肌痛；当化疗剂量＞250 $mg \cdot m^{-2}$ 时可致近端肌无力；当累积剂量超过 600 $mg \cdot m^{-2}$ 时可能会出现严重的神经病变。其不良反应主要包括超敏反应、周围神经病变、肌痛、关节痛、骨髓抑制、心动过缓、恶心、腹泻、黏膜炎和脱发。Ⅰ型超敏反应表现为轻度低血压、呼吸困难伴支气管痉挛、荨麻疹、腹部和四肢疼痛、血管神经性水肿，这些反应与输注速度有关。

紫杉烷类生物碱引起的周围神经病变是一个累积的过程，紫杉烷类生物碱能影响微管的组装和拆卸，减少正常的轴突运输，导致长度依赖性感觉运动轴突神经病变。临床上化疗引起的周围神经病（CIPN）表现为不同强度的感觉、运动或自主神经功能障碍。感觉障碍的症状包括麻木、刺痛、触摸感觉改变、振动碱弱，还时常伴随痛感，包括自发性燃烧、射击或电击样疼痛，以及机械性或热敏性痛觉，甚至发展为感官知觉丧失。肌痛可在输注过程或使用高剂量的紫杉醇治疗后观察到，但通常在 5 天内消退。在输注剂量为 135～250 $mg \cdot m^{-2}$ 的紫杉醇Ⅲ期临床试验中发现紫杉醇剂量达到 250 $mg \cdot m^{-2}$ 时肌水肿发生率更高。肌病或由肌纤维功能障碍引起的神经肌肉疾病很少被注意到，仅在接受高剂量紫杉醇（300～350 $mg \cdot m^{-2}$）联合其他抗肿瘤药物的患者中出现时引起关注。

（四）乌头类生物碱的临床毒性表现

乌头碱是附子中的一种双酯型二萜生物碱，其毒性主要作用于中枢神经系统、心脏和肝脏等器官。口服乌头碱 0.2 mg 可引起中毒，其致死量是 2～4 mg，死亡原因主要为心律失常和呼吸衰竭。患者发病时间多为服药后 30～60 min，绝大多数附子中毒患者同时具有神经系统、心血管和胃肠道反应。神经毒性表现为口舌麻木、四肢肌肉无力、触觉碱弱或消失、肌肉强直不能屈伸，严重者出现体温下降、大小便失禁的情况。心脏毒性表现为低血压、心悸、胸痛、心动过缓、窦性心动过速、心室异位、尖端扭转型室速、心室颤动。胃肠道反应表现为流涎、恶心、呕吐、腹痛、腹泻、胃部灼热、肠鸣音亢进。中毒的程度可分为轻、中、重度。轻度仅有口咽灼痛、唇舌、肢体麻木、头昏眼花、恶心呕吐、腹痛腹泻、胸闷等症状;中重度中毒者表现为全身发麻、语言不清、流涎、多汗、烦躁不安、心慌气促、抽搐、昏厥、瞳孔缩小、视物模糊、缺氧症、心律不齐等,严重者会出现循环衰竭休克状态。

二、中药生物碱的毒性机制

(一)长春花生物碱的毒性机制

长春瑞滨是亲脂性药物,可直接引起血管内皮细胞损伤,因此静脉炎是长春瑞滨临床使用中最常见的毒副反应。长春瑞滨增强了体内外 p38 蛋白的磷酸化,并促进了细胞内活性氧(ROS)的生成和下游 NF-KB 信号通路中炎症介质(如 TNF-α、ILs、iNOS)的过度释放;而 ROS 水平的增加又加速了 p38/NF-KB 信号通路的激活,最终造成静脉内皮细胞丢失、高渗透性反应、间质水肿、炎性细胞浸润等现象。

此外,长春瑞滨诱导的血管损伤与氧化应激也有一定的联系。细胞在各种刺激下产生的防御反应导致 ROS 不断产生,进而引起线粒体内促凋亡蛋白(如 Bax、Bak)由内膜向外膜的迁移,线粒体膜破裂,细胞色素 C 进入胞质。胞质中的细胞色素 C 与凋亡蛋白酶激活因子 1(Apaf-1)结合并产生凋亡体,该凋亡体可以结合并裂解 pro-caspase-9 蛋白,使 caspase-9 活化。活化的 caspase-9 进一步加工和裂解 caspase-3,导致后续一系列细胞凋亡级联反应的发生。长春花生物碱的外周神经毒性是由于其与微管蛋白结合抑制有丝分裂纺锤体动力学,干扰轴突运输,诱导轴突微管螺旋化,最终引起轴突损伤。

(二)吡咯嗪生物碱的毒性机制

1.肝毒性机制

吡咯嗪生物碱经肝脏中细胞色素 P450(CYP450)氧化后可生成具有肝毒性的代谢产物,如吡咯嗪生物碱氮-氧化物和脱氢吡咯嗪生物碱。

吡咯嗪生物碱氮-氧化物可在体内通过代谢活化实现生物学转化,最终形成的吡咯-蛋白加合物可导致 HSOS 的发生。虽然脱氢吡咯嗪生物碱可与细胞中的酶、蛋白质、DNA 等亲核基团发生烃化反应,最终造成肝损伤,但是脱氢吡咯嗪生物碱的化学性质不稳定，在体内可进一步水解为几乎无毒的脱氢吡咯生物碱 6,7-二氢-7-羟基-1-羟甲基-5H-吡咯嗪(DHP)。

吡咯嗪生物碱所造成的肝损伤主要集中于肝腺泡分区的第三区带，其原因在于该区带的肝细胞有含量丰富的 CYP450，但谷胱甘肽(GSH)的含量较少，而肝窦内皮细胞中的 GSH 含量更少。因此，吡咯嗪生物碱经氧化应激作用后更容易造成肝窦和肝小静脉内皮的损伤。吡咯嗪生物碱还可以通过泛素/蛋白酶体和钙蛋白酶体系统诱导抗凋亡蛋白 Bcl-xL 降解，使释放到胞浆的细胞色素 C 在 ATP 的作用下与 Apaf-1 形成复合物激活 caspase-9，导致 caspase-9/caspase-3 信号级联的激活，最终导致肝细胞凋亡。

2. 肺毒性机制

肺动脉平滑肌细胞(PASMC)的异常增殖、迁移和凋亡与肺动脉高压(PAH)中的血管重塑密切相关。过度的增殖促进 PASMC 群体扩张，PASMC 的迁移又进一步导致动脉肌肉化、血管狭窄和血管张力增加，最终造成肺动脉压力升高，促进了 PAH 的发生。

PASMC 中 Ca^{2+} 稳态的变化是 PAH 中肺血管收缩和重建的重要影响因素。钙离子内流(SOCE)是 PASMC 调节 Ca^{2+} 内流的主要 Ca^{2+} 通道之一，调控着 PASMC 的增殖、凋亡和迁移；而钙调神经磷酸酶(CaN)/活化 T 细胞核因子(NFAT)通路是 SOCE 最重要的下游信号通路，参与吡咯嗪生物碱诱导的 PAH 中 PASMC 的异常增殖、迁移和凋亡。吡咯嗪生物碱可诱导 CaN 和 NFAT 对接，使 NFAT 去磷酸化并启动转录程序，最终造成 SOCE 诱导的 Ca^{2+} 内流增加。

吡咯嗪生物碱诱导的肺毒性也被认为是由脱氢吡咯嗪生物碱引起的，其在肝脏中产生并随血流进入肺小动脉，使肺血管壁增厚且血栓增多，导致肺动脉血管闭塞和血管周围炎症。这些改变伴随着心肌神经体液因子(BNP、ET-1)和参与心脏发育的转录因子的 mRNA 水平的增加，这些转录因子可能参与心脏重构。

(三)紫杉烷类生物碱的毒性机制

紫杉烷类诱导 CIPN 的机制如下：紫杉烷类可引起微管破坏，并通过损害轴突运输激活背根神经节神经元内多种受体和电压门控离子通道来改变外周神经元的电生理特性，导致周围神经元的过度兴奋。

紫杉烷类还可诱导有髓和无髓感觉神经纤维肿胀，加速线粒体空泡化，改变线粒体膜电位，增加钙离子释放，而线粒体损伤又进一步促进 ROS 的生成，导致轴突内氧化应激和神经元内钙稳态失调，造成周围神经细胞凋亡和脱髓鞘，最终改变周围神经元的兴奋性。

此外，紫杉烷影响小胶质细胞和星形胶质细胞活化的同时，还会导致免疫细胞的激活和促炎细胞因子（白介素和趋化因子）的释放，造成周围神经元伤害性感受器的敏化和过度兴奋。

（四）乌头类生物碱的毒性机制

1. 心脏毒性机制

乌头碱类生物碱的心脏毒性是由于它们作用于心肌细胞膜的电压敏感钠通道所致。心室肌中钙超载还可以增加兰尼碱受体 2（RYR2）的开放频率，造成钙泄漏，增加胞浆中钙离子浓度，当持续性升高的钙离子不能被有效地消除将引发肌浆网对钙离子的过度释放，引起钙振荡和钙波，最终造成心室肌的颤动或扑动，心脏无法有效泵血。线粒体功能障碍在乌头碱的毒性机制中也起着至关重要的作用，乌头碱可导致线粒体内超氧化物和 ROS 的水平升高，ATP 的含量下降。ROS 的积累可致线粒体肿胀，mPTP 开放，从而使细胞色素 C 等内容物流向胞质，最终引发心肌细胞凋亡。ROS 还可以诱导线粒体内膜脂质的过氧化损伤，导致 ATP 和线粒体呼吸链复合物的活性下降，最终造成线粒体功能障碍。

2. 神经毒性机制

乌头的神经毒性与氧化应激、离子转运通道活性改变和能量代谢相关。多巴胺可能是 ROS 的内源性来源，多巴胺的酶促和非酶促代谢均可导致 ROS 的产生。在生理状态下，代谢过程中产生的 ROS 或其他自由基可以被超氧化物歧化酶（SOD）和谷胱甘肽过氧化物酶（GPx）及时清除。在病理状态下，过多的多巴胺代谢会导致 ROS 无法及时清除，最终造成细胞内 ROS 的激增。

PC12 细胞中抗氧化酶系统的功能障碍在乌头的细胞毒性中起重要作用，乌头可诱导 PC12 细胞中多巴胺过度释放，并显著降低 PC12 细胞中 SOD 和 GPx 的活性，造成细胞内自由基增加，从而诱导氧化应激的发生。

乌头碱和钙离子竞争结合细胞膜上的磷脂会改变钠转运通道的活性，阻止钠离子内流，抑制神经冲动的传导。同时，乌头碱还影响与疼痛相关的中枢内源性神经递质（如 5-羟色胺、儿茶酚胺、乙酰胆碱、内啡肽）与相应的受体结合，最终造成感觉神经和中枢神经的麻痹。

此外，乌头碱还会破坏星形间质细胞膜的完整性，使细胞内钙离子外流，细胞呼吸链中断，无氧呼吸增加，糖原大量分解，最终导致神经细胞能量代谢障碍。

3. 肝毒性机制

乌头碱类生物碱引起肝毒性的机制涉及多种成分、靶点和途径的联合作用。乌头碱可能通过调节关键靶标 AKT1、EGFR、HRAS 和 IGF1 来抑制 PI3K 和 Akt 的磷酸化，降低 HIF-1 和 mTOR 的表达，破坏氧化还原稳态和能量平衡，最终造成自噬障碍和细胞凋亡，降低肝细胞的耐受性。当大鼠服用乌头碱类生物碱时可降低体内葡萄糖六磷酸脱氢酶(G6PD)、谷胱甘肽还原酶(GSR)、谷氨酰胺(GLH)的表达，造成 GSH 的含量显著下降，机体抗氧化能力减弱，细胞内 ROS 的含量升高，细胞膜磷脂过氧化，最终破坏细胞和线粒体膜结构，影响能量代谢，且服用乌头碱类生物碱的部分大鼠肝脏病理切片还出现了脂肪变性现象，说明脂质代谢异常，而脂质代谢紊乱会通过炎症介质的形成和异常分泌来加剧炎症反应。

结束语

从人类作物栽培的历史开始,人们所积累的增收和稳产的经验中有不少是利用物质和资源。特别是近50年来,人们已解明了多种具有植物生理活性物质的植物体,并进行了此类物质的探索和开发。无论从"膳食与健康"两者之间相关性研究的角度,还是从开发利用的角度,它们都是现代人们关注的焦点。特别在功能性食品发展迅速的今天,如何利用此类生物活性物质开发功能性食品,将是21世纪食品工业首要解决的课题。

参考文献

一、著作类

[1]褚盼盼.植物生理活性物质及其开发应用[M].北京:中国原子能出版社,2020.

[2]刘建文,贾伟.生物资源中活性物质的开发与利用[M].北京:化学工业出版社,2005.

二、期刊类

[1]边亮,陈华国,周欣.植物多糖的抗肿瘤活性研究进展[J].食品科学,2020,41(7):275-282.

[2]常翠青.植物甾醇与心血管疾病的研究进展和应用现状[J].中国食物与营养,2016,22(6):76-80.

[3]陈嘉景,彭昭欣,石梅艳,等.柑橘中类黄酮的组成与代谢研究进展[J].园艺学报,2016,43(2):384-400.

[4]陈永伟,张乐晶.植物细胞培养生物反应器的种类特点及展望[J].种子科技,2017,35(11):28.

[5]刁卫楠,朱红菊,刘文革.蔬菜作物中类胡萝卜素研究进展[J].中国瓜菜,2021,34(1):1-8.

[6]樊文娜,王占彬,李润林,等.苜蓿皂苷对蛋鸡生产性能、蛋品质及抗氧化能力的影响[J].动物营养学报,2018,30(2):763-769.

[7]韩慧,张平平,吴兆亮.植物皂甙、多糖和类黄酮的应用与开发[J].天津农学院学报,2005(3):59.

[8]胡增美,黄露,侯佳华,等.中药中生物碱类化学成分的毒性作用研究进展[J].中南药学,2022,20(3):633-641.

[9]姜爱莉,单守水,鞠宝,等.生物工程研究生教学案例的建设及应用[J].山东化工,2020,49(15):191.

[10]李贵明,李燕.人参皂苷药理作用研究现状[J].中国临床药理学杂志,2020,36(8):1024.

[11]李先宽,李赫宇,李帅,等.白藜芦醇研究进展[J].中草药,2016,47

(14):2568-2578.

[12]李子明,虞永峰,陆舜.长春瑞滨剂量强度对晚期非小细胞肺癌一线化疗影响分析[J].临床肿瘤学杂志,2008(2):115-118.

[13]刘啸尘,范代娣,杨帆,等.人参皂苷化合物生物合成进展[J].中国生物工程杂志,2021,41(1):80-93.

[14]刘鑫龙,陈光辉,赵瑞,等.植物甾醇和甾烷醇的降脂功能[J].现代食品,2018(20):44-47.

[15]卢素文,郑暄昂,王佳洋,等.葡萄类黄酮代谢研究进展[J].园艺学报,2021,48(12):2506-2524.

[16]毛倩倩,林久茂.黄芪多糖抗肿瘤作用的研究进展[J].中医药通报,2020,19(4):69.

[17]孟庆龙,金莎,刘雅婧,等.植物多糖药理功效研究进展[J].食品工业科技,2020,41(11):335-341.

[18]任建敏.食物中植物甾醇生理活性及药理作用研究进展[J].食品工业科技,2015,36(22):389.

[19]任建敏.植物类黄酮的生理功能与抗菌机制[J].重庆工商大学学报(自然科学版),2021,38(6):8-20.

[20]索海翠,刘计涛,王丽,等.马铃薯类胡萝卜素研究进展[J].广东农业科学,2021,48(12):111-119.

[21]万茜淋,吴新民,刘淑莹,等.人参皂苷参与调控神经系统功能的研究进展[J].中药药理与临床,2020,36(6):230.

[22]王磊,高琳,侯慧文.三七皂苷的生物活性及其在畜牧生产中的应用[J].动物营养学报,2020,32(12):5540-5546.

[23]王宁,杨继业,陈书明,等.红酵母发酵豆腐渣产类胡萝卜素工艺优化[J].农业工程学报,2020,36(9):323-330.

[24]温旭智,杨觅,刘宝瑞,等.关于长春瑞滨在提高临床疗效及减轻副反应方面的研究进展[J].现代肿瘤医学,2015,23(8):1166-1169.

[25]吴熙,刘景圣,刘美宏,等.肥胖相关慢性炎症与类胡萝卜素抗炎作用研究进展[J].粮食与油脂,2021,34(4):1-4,44.

[26]谢凯桓,张云露,胡益,等.人参皂苷 Rg1 的生物学功能及其在畜禽生产中的应用探讨[J].中国畜牧杂志,2021,57(4):21-26.

[27]赵英源,贾慧慧,李紫薇,等.类胡萝卜素聚集体的研究进展[J].河南工业大学学报(自然科学版),2021,42(6):134-140.

[28]赵莹，杨欣宇，赵晓丹，等.植物类黄酮化合物生物合成调控研究进展[J].食品工业科技，2021，42(21)：454.

[29]郑梦熳，李文韵，刘雨薇.类胡萝卜素肠道吸收及生物利用度研究进展[J].食品工业科技，2021，42(15)：403-411.

[30]郑溢，李旎，郑志忠，等.绞股蓝皂苷生物转化与活性的研究进展[J].食品科学，2018，39(13)：324-333.

[31]周文红，郭咪咪，李秀娟，等.大豆异黄酮提取及其生物转化的研究进展[J].粮油食品科技，2019，27(5)：37.

[32]周宜洁，李新，马三梅，等.贮藏温度对鲜枸杞类胡萝卜素和氨基酸的影响及调控机制[J].科学通报，2022，67(4)：385-395.

[33]朱丽花，马延琴，纪彦宇，等.产类胡萝卜素酵母菌的筛选及色素稳定性分析[J].中国酿造，2021，40(9)：139-144.

[34]朱平，孔祥礼，包劲松.抗性淀粉在食品中的应用及功效研究进展[J].核农学报，2015，29(2)：327.

[35]左泽红，叶志伟，简锦辉，等.高产类胡萝卜素的蛹虫草固体发酵体系研究[J].中国食品学报，2020，20(9)：109-117.